U0046100

烏烏醫師
林思宏　著

高寶書版集團

── 序 ──
妳也可以體會運動和健康飲食的美好

手機傳來學長的訊息，未看先猜是派我出公差或是又有病人投書我。

硬著頭皮滑開。

「大醫師，有人要找妳出書了！」驚訝 3 秒後，我沒有多做思索就答應了，一如往常。

時間點要拉回 3 年多前的一場 8 公里的路跑賽。當時上氣不接下氣，拖著半死不活的身體完賽後，我竟有種莫名的成就感，從此無法自拔，愛上跑步。

為了讓自己跑得更久、跑得更快，我開始追求規律的作息、健康的飲食，一場場馬拉松跑下來也變得對自己和別人更有耐心。基本的練習以外，我的書桌漸漸塞滿了關於跑步、肌力訓練、營養學的書，穿梭的場所不再是百貨公司、精品店，而是菜市場，褲子、上衣都小了兩個尺碼。講得聳動一點，那一場路跑賽可說是改變了我的人生。

運動和健康飲食在我身上發生的美好，讓我想與身邊的人分享。

再説到書寫。直到高中以前,我的夢想一直是當一個文字工作者。作家或是記者對我來講是一個神聖又夢幻的職業。框架事實、傳達理念,甚至撫慰人心,文字是最兇猛卻也是最溫柔的工具。夢想擺在心中,現實就在眼前,隨著高二選組決定從醫,我的寫作生涯就在大學聯考的一役攀上高峰,從此一去不回頭。說來神奇,再次和文字重逢竟然已相隔十多年,而我也從一個不會開瓦斯爐、跑不完 2 公里的運動絕緣體,變成一日不動便覺面目可憎的過動兒。

因為喜歡文字的力量,因為想分享運動和健康飲食的美好,我在臉書成立了「烏烏醫師」持續推廣我的理念,解答來自各地孕力媽的疑問,這次終於有機會將這幾年來的小小成果集結成冊。

謝謝林思宏學長的引薦,從台大到禾馨,在我找不到方向時指點迷津,得意忘形時給我當頭棒喝,跟隨你的背影永遠是最正確的選擇,而且絕對不會走失,因為這個身影越來越巨大。謝謝雅筑給我最大的彈性安排內容,總能適時解答我的疑惑並安撫我的急性子,我不敢說自己是千里馬,但妳真的是最好的伯樂。

最後最感謝的還是一路支持我的孕力媽,妳們的提問給我無限的靈感發想,妳們自身的經驗分享讓更多女性更有信心和勇氣,妳們的支持和回饋永遠是我持續創作的最大動力。

禾馨婦產科主治醫師

——序——
健康瘦是為了更好的自己

　　我的減重故事就跟很多的「妳們」一樣，總是有很多想法，也訂下目標、下定決心，但卻因為種種原因一直給自己找藉口，體重像溜溜球一樣下去了，總是會再彈上來。

　　這幾年禾馨醫療從懷寧院區、新生院區、民權院區、怡仁院區，到最新要開幕的桃園院區，禾馨就像是我的孩子一樣，從人生最精華的 32 歲到 40 歲，我生了 5 個孩子，體重也從 85 公斤的夢幻 F4 身材，突破變成「101 大樓」，一路飆升到最高最恐怖的「123 自由日」，自己站上體重計都覺得這個數字怎麼會出現在這個當下。

　　某部份這種故事跟懷孕的妳很像，總是希望讓肚子裡的孩子長得更好，攝取更多的營養讓孩子更健康，但沒人指導加上方法不對，增加的不是營養而是熱量；總是給自己找藉口，「唉唷懷孕就是要多吃一點」、「老公，你兒子想要吃這個、吃那個，快去幫我買」，一不小心就從一日三餐變成一日六餐；總是因為壓力、因為疲憊或不適，想給自己獎勵犒賞，但我們的選項不會是去運動，永遠都是好好的吃一餐。

　　好習慣很難養成，養成的總是壞習慣！！！

序

在懷孕生產這個領域，我是你們的醫師，懂得用很生活化的話語撫慰妳們整個懷孕生產過程忐忑的心情，但在減重健康瘦這部分，烏烏醫師就是我的醫師、我的老師，我們認識也十幾年了，我整個身形的變化她親眼目睹，現在她總是會用語帶勸導卻又堅定的態度跟我說：「學長，你的孕婦、產婦這麼多，瘦一點，健康瘦是為了照顧別人，更是為了更好的自己！」

這幾年她在這個領域的努力與以身作則，在粉絲團裡將艱澀的學術理論轉換成淺顯易懂的插畫圖表，我深受感動，我也下定決心要讓自己更好（咦？又再次下定決心？？），從 2019 年這本書籌備開始，用烏烏醫師提供的減重菜單，規律的運動節奏，給自己訂了目標希望能夠在 2020 年出書時降回原本的夢幻體重，雖然事與願違只減了 10 公斤，僅達到 3 分之 1 的目標值，至少是在對的方向繼續前進。

從「樂孕」到「產（慘）後 100 天」，有笑有淚的陪伴許多人辛苦的懷孕過程，這次讓「孕動‧孕瘦」當妳的夥伴，為了孩子，更為了更好的自己，用科學理論及真實案例陪妳一起健康瘦，我們一起努力，希望下次再見面的同時，看到對方是驚艷不已，而不是驚嚇不已！！

禾馨醫療營運長　林思宏

如果妳的個性是凡事追求完美的人，懷孕的過程，拿這本書一路陪伴妳就對了！

　　剛認識烏醫師，是她剛畢業沒多久，當時的她，跟大多數的台灣時尚女子一樣，不喜歡曬太陽，成天做 SPA、弄指甲、吃美食。直到好像有一次，被同事們慫恿去參加一場路跑，從此就變了一個人似的，不但喜歡跑步，還開始認真研究跑步運動，而且還是以解剖學、生理學的角度去做研究。

　　然後過了不久，她突然說想研究營養學，「因為這樣才能對運動這一門學問更深入！」我記得烏醫師是這樣跟我說：「你幫我選一本營養學的書好嗎？」我正好在書局，就幫她找了一本，我特別找了一本看起來最艱深難懂的！

　　大概因為她讀完了那本，或許又讀了更多本書與醫學文獻，她說話與寫臉書的內容變得和以前不一樣了，當然，對於她的職業：婦產科醫師，也提升到全然不同的境界。

　　絕大多數婦產科醫師和我一樣，如果孕婦問「我可不可以運

動」，我就會回答「可以」，但是如果又接著問「那我該做什麼運動？」、「我想重訓要注意什麼？」我就會語塞了。

　　還好，我現在都這樣回答：「妳可以掛烏醫師的門診諮詢」，或者，更方便了，「妳可以去買烏醫師的這本書來讀！」真的很推薦這樣的書，畢竟孕婦做運動曾經被污名化了好幾十年，飲食的禁忌也還困擾著大家，有專業醫師願意跳出來帶領大家走出霧霾，實在太可貴了。

禾馨新生婦幼診所榮譽院長　楊濬光

Contents

PART 1

孕期飲食篇

PART 2

孕期運動篇

Contents

PART 3

產後瘦身篇

孕力媽會客室

——前 言——

「病人的健康和福祉是我們最大的顧念。」世界醫師會日內瓦宣言是這樣說著的，但對婦產科醫師而言，角色卻又更複雜。因為婦產科醫師面對的是一個女人，卻乘載著兩個生命，要考量和顧慮的總是比較多。

而且，進入孕期的女人往往陷入一場混沌。

明明該認真補充營養，卻總是噁心想吐，喝不下、吃不下，不是被嫌肚子太小，就是被恐嚇太大生不出來；總是被警告孕期就是要多休息、少活動，但上了產台又被旁人指責都是沒運動才生得那麼辛苦；最後生產完了別人再補一句：「蛤！不是生完了肚子怎麼還那麼大。」簡直就是壓垮媽媽們的最後一根稻草。

作為一個產科醫師，過去我大多的心力都在胎兒的檢查，對於媽媽的健康狀態也僅止於血壓、血糖、體重的數字，對於該怎麼吃才能養胎不養肉、孕期就是很想吃垃圾食物怎麼辦，這些很實在的問題卻往往語塞。有時候面對媽媽的腰痠背痛、無力水腫，我也只能無奈的講一句：「沒關係，生完就會好了！」

直到我的生命注入了運動員的靈魂，用運動科學和營養學的角度去切入和思考，許多孕期的問題竟然就迎刃而解了。

　　孕婦看似病人，本質卻不是病人，這時候，除了守護母嬰安全，婦產科醫師就肩負起傳遞健康概念的責任；面對世俗的流言蜚語和傳統光怪陸離的迷思，婦產科醫師更是守在孕婦前的第一道防線。

　　其實，孕期的女人往往因為新生命，有更多的動力過得更健康一點。妳開始頻繁接觸醫師，開始會在意口裡吃進什麼東西、昨天晚上有沒有睡飽、這週體重又增加了多少。所有以前看似無聊的健康議題，往往變成孕婦每天起床第一個瀏覽的訊息。角色轉換時，均衡飲食健康生活不單純只是為了更美好的自己，更多一點是為了妳的孩子。

　　所以説，懷孕是改變生活型態和飲食的最佳時機。在孕期、產前就把正確的飲食與運動的習慣「內化」，面對新生命、新生活的挑戰相信妳會更得心應手。

　　雖説高矮胖瘦是基因遺傳，但有時候更重要的是健康生活型態的傳承。孕期不只是養胎，更應該養成更良好的飲食與運動習慣。我們常聽到夫妻其中一人在減肥時，另一半也會跟著瘦；一個人開始喜歡跑步，另一半也會嘗試跟著去快走或接觸其他運動。延伸得更廣一些，當媽媽吃得健康，小孩就能從小養成良好的飲食習慣。從女孩女人變成一位母親，妳的餐盤不僅是妳的餐盤，妳的餐盤能撐起一個健康的家。

　　這本書就是兩個看似年輕實則經驗豐富的婦產科醫師，秉持著這樣的理念和熱情，用寓教於樂的方式，完整收錄孕期怎麼健康吃、怎麼安全動；將孕期從頭到腳的疼痛不適、怎麼緩解，説

清楚、講明白；產後瘦身如何闖關成功的秘訣也不藏私一次分享。

　　書末還有孕力媽最激勵人心最寫實的孕期、產後運動分享，以及（偽）孕媽的減肥成功？不成功？案例。

　　希望各位女性們在吸收知識之餘，獲得療癒，也能在遭受莫名路人言語霸凌時氣定神閒，藉由此書的力量予以溫柔的還擊。

PART 1

孕期飲食篇

在孕期啟動、適應健康飲食的模式，除了對孕育胎兒有益，對提升孕期的體能免疫力也有很大的幫助。一個女人通常是掌握家中餐點的核心人物，將懷孕中養成的飲食習慣延續到產後，那麼產後瘦身會輕鬆一點，母乳的營養會更完整，未來準備嬰兒副食品也會容易些，全家人也因此更健康了。

畢竟，妳要的絕對不是瘦一陣子，而是好身材一輩子，對吧！

孕期 VS. 三大營養素

　　拉拔一個胎兒長大所需要的營養何其多，聰明的身體為了避免胎兒因為食物短缺，吸收不到養分而長不大，因此在演化上，懷孕時期會開啟儲備過冬的模式，胃口好又吸收好，直白一點說就是所謂「易胖體質」啦。

　　不過，生活在 21 世紀的孕婦，熱量短缺幾乎是不可能的現象。所以「一人吃兩人補」，該補的絕不是熱量，畢竟孕期開始到 4 個月左右的時期，一天只需多增加 300 大卡，剛剛好的熱量攝取下能補充最完整、最多元的營養，才是孕期健康飲食的最大準則。

　　但拜現代食品科技業所賜，我們的食物取得越來越容易，食品精緻化的過程添加了各式各樣的風味口感， 卻也流失了許多營養元素。所以首先，我們要了解到底每天我們吃進去什麼？含有怎樣的營養價值？又對孕期有什麼影響呢？

1、蛋白質

　　蛋白質能修補建構身體的組織，維持免疫系統、造血、賀爾蒙功能，必要時蛋白質也能燃燒產生能量。動物性蛋白質的主要來源為牛肉、豬肉、家禽、海鮮；植物性的蛋白質則為奶蛋豆堅

果類等等。

房子要蓋的好，需要精良的鋼筋水泥；車子要跑得快，車體的引擎零件品質要好。懷孕就好像製造業，原物料充足良好很重要！所以蛋白質是孕期不可或缺的，每日所需蛋白質為 60 克（比孕前增加 10 克），哺乳期則又須增加到 70 克。

2、碳水化合物

碳水化合物是人體能量的重要來源，胎兒要長大主要是靠碳水家族裡的葡萄糖，所以會有「沒有吃飯沒力氣幹活！」或是「寶寶胎動不明顯，吃個甜的看看吧！」的說法，但碳水化合物卻同時受到琳瑯滿目的指控，被視為是發胖的兇手。

但是戒澱粉真的能瘦？飯吃太多就一定胖？究竟真相是何？我們僅就孕期而言，碳水化合物應佔孕婦的熱量來源約 45%-55%。妳該戒掉的也不是一日三餐的主食澱粉，而是空有華麗外表的精製添加糖。精緻的單醣通常有較高的熱量，能快速給妳活力和滿足感，但同時容易刺激胰島素快速上升（懷孕時更高），起伏的胰島素不僅會增加妊娠糖尿病的風險，也會造成脂肪的堆積，卻沒有任何的營養價值。

所以，碳水化合物的來源應該以複雜的多醣（五穀雜糧）為主，主食類的碳水化合物如糙米、白米、麵食、麥片、南瓜、地瓜、馬鈴薯等等，天然的水果、牛奶為輔。

世界衛生組織（WHO）強烈建議每日添加糖攝取不超過50g。添加糖指的是為增加風味添加到食品的單醣（葡萄糖、果

糖、砂糖），如：含糖飲料的糖、蛋糕麵包裡的糖、為了平衡偏
酸料理風味的糖，不包含新鮮水果的糖和牛奶的乳糖（健康的單
醣）。

3、油脂

　　脂肪是架構胎盤和胎兒器官的重要成分，且脂溶性的維他命
A、D、E、K需要油脂作媒介才能發揮作用，而免疫系統、賀爾蒙、
凝血功能皆需要脂肪做原料，其中不飽和脂肪酸中的 Omega-3
對於胎兒腦部神經發育更有相當的幫助，可見油脂也是孕期不可
或缺的營養素。一般人減肥時若完全限制油脂攝取，餐餐水煮，
可能會導致亂經、不排卵且影響受孕、乾眼症、皮膚濕疹等問題，
更何況是孕婦了。

　　所以，孕期的熱量來源脂肪應佔 20-35%。為降低心血管疾
病的風險，餐點中的油脂來源要以不飽和脂肪酸，如橄欖油或魚
類的油脂為主；飽和性脂肪酸，如紅肉的肥油、動物性奶油為輔。
至於人工的反式脂肪會影響胎兒腦部的發育，增加新生兒過敏的
風險，孕期的攝取應該越少越好。

\ QA /
醫師我有問題

❖　什麼是反式脂肪？

動物性的脂肪酸在室溫下是固態，也較耐高溫油炸。反式脂肪酸是藉由改變脂肪酸的化學結構，促使植物性的油脂能在室溫下凝固，以利保存，增加食物的風味。一開始因為它的好保存，又能讓產品變得又酥又脆又香，所以食品工業大量使用。不過近年來醫學研究發現，食用反式脂肪酸會增加心臟病、阿茲海默症及女性不孕症的風險。孕婦食用過多反式脂肪酸，會產生「劣幣驅除良幣」的效應，影響到好的脂肪（Omega-3）的形成，更會波及到胎兒智力神經發育，也會增加新生兒過敏的風險。

❖　反式脂肪在哪裡？

大部分的反式脂肪都存在於加工食物，如各式油炸食品（薯條、炸雞、鹽酥雞）、酥脆的點心（洋芋片、鳳梨酥、蛋黃酥、菠蘿麵包、鬆餅）、奶精、冰淇淋⋯⋯。

另外要特別注意大豆油（沙拉油）拿去高溫油炸亦會產生反式脂肪酸。

焦慮婦：「醫生，懷孕到底有什麼可以吃？」

淡定林：「東西南北中發白都可以吃啊。」

焦慮婦：「厚，那不能吃是用碰的啦！」（一秒變專業）

孕期 VS. 六大食物

了解三大營養素之後，接著我們來看看孕期飲食應該怎麼選擇六大食物？

1、五穀雜糧類

白米、糙米、麵食、根莖類（地瓜、南瓜、芋頭）等，主要供應身體醣類及少許植物性的蛋白質，根莖的原型食物還能提供較多的營養素如維他命 A、維他命 B、鐵質。 而白飯、白麵在精緻化的過程中相對糙米、全麥等雜糧流失掉膳食纖維及礦物質。為了更有效率地獲得營養，主食類的選擇建議一半為較少加工優化的雜糧類。

1分鐘小教室

▶ 膳食纖維是孕婦的好朋友

根據衛福部國民健康署的建議，每日宜攝取 25-35 克的膳食纖維。什麼是膳食纖維？泛指不能被腸道消化的植物源食物成份。水溶性的包含果膠、植物膠、海藻膠；非水溶性的包含

纖維素、木質素。

簡單來講就是糙米吃起來粗粗，青菜很難咬斷，木耳吃起來滑滑的部分。除了雜糧類以外，部分蔬菜水果內也含有大量的膳食纖維。

膳食纖維可以增加糞便的體積，促進腸胃蠕動，吸附水分增加飽足感，穩定血糖。對於容易便秘、易餓又血糖不穩定的孕婦來說，真的是最好的朋友！

但是，俗話說的好，「水能載舟，亦能覆舟」，膳食纖維「亦敵亦友」得看孕婦如何運用。統計上國人普遍膳食纖維攝取不到一半，孕前攝取偏低的女性若在懷孕初期突然攝取大量膳食纖維，可能導致脹氣、腹瀉，加重懷孕初期腸胃道的不適。

所以啦，這個朋友要「慢慢靠近」！膳食纖維的補充，宜慢慢增加，分次食用，另外也不要忘記搭配足夠的水分，如果初期孕吐、脹氣嚴重，也不用勉強馬上增加膳食纖維的補充。

2、豆魚蛋肉類

蘿蔔糕、乾麵、珍珠奶茶、薄如蟬翼排骨便當……，妳的蛋白質吃夠了嗎？

台式飲食和外食文化影響，一般人三餐的豆魚蛋肉量往往少得可憐，容易造成怎麼吃都吃不飽的「隱性饑餓」，也會影響身體的免疫力，肌肉長不出來，容易感冒，產後落髮和母乳量不足也都和蛋白質缺乏有極大的關聯。

　　動物性的蛋白質，如魚蛋肉類能提供完全性的蛋白質，提供人體無法自行合成的必需氨基酸，絕對是不可或缺的。選擇上，可以脂肪較少的瘦肉、海鮮類，如去皮雞腿、雞胸肉、豬里肌、牛腱和一週兩餐的海鮮為主。

　　至於素食者怎麼補充蛋白質？由於植物性的蛋白質無法完整提供人體必需的氨基酸，所以又稱不完全蛋白質。所以素食者在孕期飲食方面更需考量多樣性，運用「互補」法則備餐，比如五穀飯搭配豆類、豆類搭配堅果類。蛋奶素者則可增加雞蛋、牛奶的食用。

　　外食族的每日蛋白質補充小技巧，除了充分了解自己吃進去的是什麼之外，也要確保餐餐都有蛋白質的攝取，避免單一熱量來源。例如早餐選擇有鮪魚、蛋、火腿的三明治；中午夾自助餐時豆魚蛋肉的比例要多於澱粉類，麵食類可加點魯蛋、豆腐；下午茶的餅乾蛋糕以茶葉蛋、牛奶、豆漿、堅果、毛豆沙拉做取代。

3、奶類

　　牛奶除了含有優質的蛋白質外，還富有人體容易吸收的鈣質，特有的乳糖代謝為乳酸可以健胃整腸。1ml的牛奶含有1毫克的鈣，早晚1杯就可滿足每天一半的鈣質攝取。孕期的下午點心可將含糖飲料替換為1杯鮮奶，幫助胎兒骨頭的發育，減少孕婦抽筋的發生。

　　但若是有乳糖不耐，怎麼補鈣呢？

　　人體不能有效利用代謝乳糖時，及會產生一些腸胃道不適的

狀況，如腹瀉、脹氣、腹痛。這時候不必勉強喝牛奶，可改食用其他高鈣的食品，例如優格、起士等乳製品因含有乳酸菌，可以將乳糖分解成乳酸，所以不會有乳糖不耐的問題。另外小魚乾、黑芝麻、杏仁等食物鈣含量也很高。只是考慮到食用方便性和單一次食用量，以奶類食品補充鈣質的效率還是比較高。

　　至於民間流傳的「吃骨補骨」呢？雖然鈣質 99% 存在於骨頭中，但是鈣質並不會溶解在湯內，大骨湯裡的鈣質僅有牛奶的250 分之 1，少到可以忽略。湯好喝歸好喝，還是要注意不小心喝進過多的鈉和熱量。還有！喝湯千萬記得把肉吃完！

　　另外一提，豆漿的含鈣量是牛奶的 7 分之1，鈣質濃度不如豆乾或傳統豆腐。

\ Q A /
醫師我有問題

❖ **孕婦可以喝乳清蛋白嗎？**

乳清是牛奶凝結後所剩的液體，再製成高蛋白、低脂、低熱量的營養品，一份乳清蛋白的熱量約 130 卡，蛋白質含量則有 20 克。有越來越多的研究指出在合理的訓練恢復下，乳清蛋白對於減脂增肌、力量提升皆有幫助。外食族或偏食的媽媽們如果無法靠調整食物中的蛋白質量來滿足每日需求（60 克），是可考慮以乳清蛋白作為補充的。

❖ **乳清蛋白中的 BCAA(Branched-Chain Amino Acid) 是什麼？孕婦可以吃嗎？**

BCAA 中文為支鏈胺基酸，是人體中三種重要的必需胺基酸，包括纈氨酸（Valine）、亮氨酸（Leucine）及異亮氨酸（Isoleucine）。這三個氨基酸主要功能為修復肌肉組織，對於增加運動表現及恢復是否有幫助仍有些許爭議。氨基酸是合成蛋白質的小分子，孕婦可安心食用。

4、蔬菜類

餐餐老是在外，妳今天吃菜了嗎？天天五蔬果的口號相信大家都耳熟能詳，意指成人每天要攝取達 600 克的蔬果，可降低死亡率、致癌率，這樣的量換算下來就是 3 份蔬菜（1 份約 2 個手掌大，小吃店的燙青菜約為 1 份）加上 2 份水果（1 份水果約 1 個拳頭大）。

小時候，媽媽總是告訴我們不要挑食，要多吃蔬菜，而準備要當媽媽的妳為什麼要多吃蔬菜，還要吃多種蔬菜？

因為蔬菜是 CP 值最高的綜合維他命！深綠色蔬菜的葉酸和葉黃素、菠菜的鐵和鎂、甜椒的維他命 C、菇類的維他命 D、紅蘿蔔的維他命 A，各色各樣的蔬菜有各種不同的營養價值，對於胎兒神經管的發育、骨骼的生長，還有預防媽媽貧血抽筋有很大的功效。蔬菜又是「固態的水」，吃菜的同時還能補足身體所缺的水，豐富的膳食纖維也能改善便秘，穩定血糖。

所以，親愛的媽媽們，能不吃菜嗎？建議日常飲食增加蔬果的小技巧，例如早餐選擇菜多的三明治，像是蔬菜炒蛋；餐與餐的小點可以選擇水果、小黃瓜或是可以生食的甜椒；外食多點一份燙青菜，主菜可選擇有蔬菜做為配菜的種類，如芥藍炒牛肉、竹筍肉絲、豆苗蝦仁。

5、水果類

水果含豐富礦物質、維他命，不需烹飪、攜帶方便，相對減

少食材處理中流失的維他命 C。以新鮮水果取代精製的甜點或是含糖飲料，可以幫助孕婦度過每一個飢餓的時刻。孕期可以選擇低升糖的水果作為餐與餐中的點心，如芭樂、蘋果、小番茄、奇異果。

\ Q A /
醫師我有問題

❖ 以現打果汁取代水果不好嗎？

首先，美國兒科醫學會已建議不要給1歲以下的兒童喝果汁。因為水果除了在榨汁的過程中流失了珍貴的膳食纖維外，高濃縮的糖分和額外的添加物會佔掉每日所需的熱量，影響孩童食慾，而且天然果汁容易腐敗，會增加食物中毒的風險。

孕婦當然是可以喝果汁的，但是果汁不能取代水果，也不能取代白開水，果汁就是比較營養的含糖飲料罷了。

❖ 水果吃越多胎兒皮膚會越好嗎？

雖然維他命 C 可以幫助膠原蛋白形成、抑制黑色素，但是並沒有任何研究證明產前多吃水果對新生兒皮膚會有幫助，水果吃太多應該不會美到嬰兒，但是一定會胖到媽媽。

6、油脂類

　　好的油讓你身體強，壞的油讓你住病房。均衡飲食絕對不能滴油不沾！但是要慎選好油！

　　過多的飽和脂肪酸，如牛雞豬的肥油，會增加心血管疾病的風險，世界衛生組織（WHO）建議飲食中飽和脂肪酸的來源要小於 10%，烹飪時應選擇植物油，如葵花油、橄欖油等植物性的油脂，也可以增加吃海鮮的次數及選擇堅果、酪梨當做點心，來提高不飽和脂肪酸攝取的量。

\　Q A　/
醫師我有問題

❖ **懷孕後期需要停止服用魚油嗎？**

不需要停，可以補充到產後哺乳期。

研究顯示不飽和脂肪酸 Omega-3（DHA、EPA）除了對於胎兒的神經系統視力發育很重要以外，缺乏 DHA 也可能會增加產後憂鬱症的可能性，所以整個孕期魚油的補充都很重要。每日建議劑量為 300mg-500mg 的 DHA、EPA，美國食藥署則建議每日不超過 3g(3000 mg)。因為 EPA 在身體裡有抗凝血、抗發炎、抗血栓的功效，過去常認為懷孕初期和後期須停止使用，避免造成出血。事實上，臨床上尚未有孕婦服用魚油導致出血的案例，即使罕見的誤食大量魚油（48 顆）都沒有在生產時發生出血的併發症。

所以魚油是可以吃到生，甚至吃到產後哺乳期的，僅需注意單日不超過安全劑量（約 10 顆），孕婦們可安心補充。

孕期健康餐盤

　　我們了解了三大營養素的細節和六大食物種類，那麼要如何組合成均衡健康的一餐？

　　懷孕到底該怎麼吃才能吃得營養、胖得少？產後瘦身如何可以不挨餓、奶不少？

　　首先，想先說明我心中所謂的健康飲食是什麼。那就是，吃聰明的食物，身體自然會回饋妳。有人說聰明購物不能只看價錢便宜，還要關注 CP 值。聰明的飲食也不僅是只看熱量低，應該參考 Nutirents（營養）和 Calories（熱量） 的比值，也就是所謂 N/C 值。N/C 值極低的食物顯而易見，例如蛋糕、泡芙、含糖飲料，或是經過高溫油炸破壞食物營養的鹽酥雞、洋芋片都是。高 N/C 值的食物，如雞蛋，除了蛋白質外還有維他命 A 和維他命 D；如菠菜，富含葉酸、葉黃素、鐵劑外，膳食纖維也不少。而所謂原型食物、地中海飲食、原始人飲食，就是少鹽少油少加工，希望在料理過程中減少營養的流失，避免熱量的添加。

　　所以當飢餓感來襲時，應該要避免讓血糖坐雲霄飛車的含糖飲料和精緻澱粉，減少僅有熱量卻沒有營養價值的「空熱量」食物。

除了追求高 N/C 值的食材外，多元化也很重要。雞胸肉高蛋白低熱量，但總不能天天啃，會讓人失去生活樂趣外，蛋白質來源若不多變，不也少攝取到牛肉的鐵質、豬肉的維他命 B、海鮮的 Omega-3 了嗎？

萬事起頭難，習慣成自然。所以，健康飲食的第一步是從了解自己吃進去什麼東西開始，上網查食物成份，買東西必翻背面看標示。外食試著挑選較健康的選擇，到試著自己煮煮看，也許自己料理的健康飲食一開始不甚美味，但經過反覆的練習實驗，終能找到一個美味和營養的平衡點。

再來，針對如何安排均衡健康的一餐，各國專家單位和各方網紅網美紛紛導入了「餐盤」的想法，延續嬰幼兒時期的副食品、學童時期的營養午餐，餐盤的確是一個很好易懂的概念。給妳一盤的量，就不會不小心吃太多！

比起好幾道菜擺滿桌，用餐時再夾進自己盤內，研究指出，一開始就使用個人餐盤上菜，我們比較不會因為慣性，邊聊天邊夾菜，一不小心熱量就超標！另一方面對於三大營養的分配也更加一目瞭然。圖像化也方便記憶，習慣成自然，久了就不需要實體的盤子，而是妳心中自有一個營養餐盤了。

其實，中西方的健康餐盤大同小異。蔬果類都佔餐盤的一半，青菜多於水果。另一半是五穀雜糧及優質蛋白質。烹調盡量採用不飽和脂肪酸油類。一天 1-2 杯牛奶，多喝水，不喝含糖飲料。以原型食物為主，熱量不容易超標。

比較不同的地方是，台灣版本的碳水化合物（醣類）比例會略高於蛋白質，哈佛大學的版本則是 1 比 1。

三大營養素的分配近年來爭議不斷，從生酮飲食（醣的熱量來源佔 5%）、低醣飲食（醣的熱量來源佔 20%)到均衡飲食（醣的熱量來源佔 55%）都有人支持。那麼我們到底該如何調配呢？在沒有一面倒科學佐證的基礎下，應考量當地吃的文化。大家可以發現，西式的飲食常常都是大塊吃肉，牛排、炸魚排、烤雞，澱粉的來源相對侷限；台式則往往是滿滿澱粉、炒飯、蔥油餅、乾麵。以可執行性和安全考量，對於孕婦，建議還是傾向於均衡飲食，彈性調整碳水化合物的比例為 45%-55%。

　　所以呢，以通用的健康飲食做基礎，根據孕婦的飲食需求調整，孕期怎麼吃其實好容易！將一般的健康餐盤概念加上以下 3 個準則，就可以了。

1、懷孕 3 個月後每日熱量需求增加 300 卡。

2、孕婦易飽易餓，每日多需求的熱量需求不用刻意塞進正餐的餐盤中，挪到最容易餓的餐和餐中間，也可避免一下吃太多造成胃脹或胃酸逆流的狀況。餐與餐之間建議好準備但是咀嚼需要較長時間的食物為主，增加飽足感，如芭樂、無糖燕麥飲、豆乾、優格等；或是低 GI 的食物，延緩血糖上升；另外也可運用餐間食物補足上一餐缺乏的營養素，比如早餐沒吃到蔬果，10 點餓了吃一份水果或啃兩條小黃瓜，午餐蛋白質少了一點，4 點可以吃水煮蛋當點心。

3、水、蛋白質、鈣、維他命 D、鐵的需求提高。

孕期健康餐盤

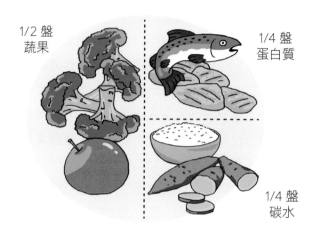

1/2 盤
蔬果

1/4 盤
蛋白質

1/4 盤
碳水

　　有許多孕婦除了頭痛該怎麼吃，還有一個苦惱，那就是過了前 3 個月的嘔吐期，歷經了第 4 個月開始的暴食期，好不容易有了穩定的孕期餐盤了，但愛作怪的腸胃還是不肯放妳一馬。隨著肚子裡的寶寶越長越大，怎麼常常覺得嘴巴酸酸、喉嚨癢癢卡卡，胸口灼熱又不自覺一直想咳嗽清喉嚨，或是脹氣消化不良？

　　原來這都是胃食道胃酸逆流惹的禍！懷孕是胃食道逆流的高風險族群，由於腹圍和腹內壓隨著胎兒長大而增加；寶寶又會三不五時的刷存在感狂頂妳的橫隔膜，擠壓妳的胃；體內的黃體素、鬆弛素又會讓妳的肌肉「鬆掉」，阻擋胃酸噴上去的門神賁門也跟著腿軟。綜合以上的原因，懷孕的中後期就是各種火燒心、胃洽酸！

　　這時候，請在餐盤裡避開這些加重胃食道逆流的地雷食物：高脂肪油炸物、甜食、巧克力、咖啡茶類、刺激辛辣酸性食物、

柑橘類水果等等。

　　少量多餐，每餐吃七分飽，細嚼慢嚥；餐後食用無糖口香糖，幫助分泌唾液中和胃酸（需避免有含阿斯巴甜代糖、薄荷等口味）；餐後避免立刻躺平，睡覺將枕頭墊高，這些都是預防胃食道逆流的好方法。而且，吃慢一點、咬仔細一點也會比較不容易胖。這是因為大腦總是易餓難飽！當食物進入胃後，身體需要花20分鐘才能傳遞「我有吃到東西，我飽了」的訊息到大腦，所以吃得太快，除了容易導致胃食道逆流外，也會不小心吃下過多食物。

\　QＡ　/
醫師我有問題

❖　為什麼懷孕後特別容易餓？是大食怪上身，還是貪吃鬼作祟？

　　撇開色香味的誘惑不談，在正常的狀況下，當人體血糖低的時候，大腦為了自保，會釋放出「我餓了，快點吃東西！」的訊號。當我們進食完畢後，血糖升高了，身體的血糖管理員胰島素就會出來做事，將血糖分配給肌肉、脂肪及肝醣利用，此時血糖就會降低，有運動的人可以長肌肉，坐著不動的人就會長肚肉。

血糖低　➜　大腦發出　➜　進食後　➜　胰島素
　　　　　飢餓訊號　　　血糖高　　　分泌
　　　　　　　　　　　　　　　　　　　⬇
　　　　　　　　　　　　　　　　促使糖分進入細胞，
　　　　　　　　　　　　　　　　血糖降低

　　孕婦容易餓是因為她們是相對容易低血糖的族群，懷孕初期身體快速累積水分，造成空腹血糖被稀釋了；到了懷孕中期，為了確保胎兒得到足夠的熱量，胎盤開始分泌人類胎盤泌乳原對抗胰島素的功能，相對來說會促使胰臟分泌更多的胰島素，使得孕婦的飯後血糖下降的較快；懷孕的末期，血糖則因為胎兒快速的生長更容易不穩定。種種因素叫孕婦不餓也難，為了寶寶能夠長大，大部分的媽媽真的是一路餓到生。

　　孕婦除了因為上述胰島素偏高、血糖不穩定導致容易飢餓以外，還有一種餓叫做身體覺得餓。當僅攝取足夠的熱量，卻沒有攝取足夠的營養素時，身體也會發生飢餓的訊號這，種狀況稱為「隱性飢餓」。

　　所以當妳吃飽了，卻很快就覺得餓，先問自己兩個問題：

　　第一，上一餐的蛋白質有吃夠嗎？膳食纖維和礦物質、維他命夠嗎？孕婦每日蛋白質的需求比孕前增加 10 克，最容易缺乏蛋白質的通常是早餐和午餐，多 1 顆蛋、1 杯牛奶，就能避免蛋白質不足造成的隱性飢餓。而餐餐有菜有肉有澱粉，營養素充足，身體也才能滿足的不亂喊餓，媽媽們就能放心地養胎不養肉。

　　第二，我今天水有喝夠嗎？身體除了飢也會渴喔！缺水也會產生飢餓感，當妳又餓了，想想看有多久沒喝水了呢？每日水分的需求應達到 3000c.c.，扣除來自食物的水分，每天也至少需要 2000-2500c.c.。身體很奇妙，會誇大飢餓的需求，隱匿缺水的事實，有時候妳餓了只是因為渴了！但為避免睡覺夜尿頻繁，通常睡前 2 小時會開始減少水份攝取，所以一天到了中餐飯後，妳該喝下至少 1000c.c. 的水。

孕婦：「我的體重沒增加啊，怎麼體脂一下飆這麼高？
烏烏醫師：「沒關係啦！懷孕測體脂不準。」
孕婦：「噢耶！那我安心了！」
烏烏醫師：「體脂機對妳很好了啦，絕對是低估了 。」
孕婦：「………」

孕婦與體重、體脂的愛恨情仇

　　脂肪很迷人，妳知道嗎？和牛的誘人漂亮油花邪惡但可口；鮭魚的油脂富含健康的 Omega-3 脂肪酸；酪梨滑嫩香醇的口感也來自植物性的脂肪。

　　脂肪可以拿來救命，妳知道嗎？棕熊冬眠前，身體大量累積脂肪，平均體重增加 30 公斤，冬眠的時候不吃不喝，單靠脂肪分解產生熱量；橫渡撒哈拉，駱駝的駝峰也不是儲水，而是儲存脂肪。脂肪真是度過凜冬、穿越沙漠的好夥伴。

　　那妳知道生命的開端就在忙著累積脂肪了嗎？女人懷孕時，身體會分泌多種激素開始儲備新生命的糧食，促使脂肪的合成。以至於我們的血脂肪升高，體脂肪增加（尤其大腿和腹部），活動力卻下降，就像一隻快要冬眠的熊。這個古老的防禦機制並沒有因為人類脫離原始打獵時代而消失，脂肪也從此變成一個迷人的反派角色。

　　由於懷孕時身體會啟動累積脂肪模式，若是我們和身體做對，刻意地減少熱量攝取，會對胎兒及母體造成不良的影響。所以懷孕時千萬不可以減肥，那麼怎樣才是最理想的體重上升模式呢？大原則就是：

　　1、　個體有差異，記得循序漸進。

2、孕前體重過重的媽媽少胖一點，體重過輕的媽媽多胖一些。

平穩恰當的體重上升幅度可減少孕期腰痠背痛、膝蓋痛、妊娠紋、腹直肌分離及子癲前症、妊娠糖尿病的發生機率。

1 分鐘小教室

▶ 孕婦，別被體脂數字綁架

　　年齡、體重、體脂是我們最不願分享卻又最想窺探的魔術數字，也是很多人減肥成功與否的指標。男性體脂肪大於 25%，女性大於 30% 定義為肥胖。當然體脂也不是越低越健康，男性小於 3%，女性小於 12%，會導致體內臟器無法受到脂肪保護，脂溶性維他命無法吸收。

　　一般市面上的電子式體脂計，主要是利用生物電阻的方式測量，脂肪的水分較少，導電量較低；肌肉的水分較多，導電性較好。所以，進食前後、運動前後、膀胱有沒有排空，只要是會影響身體水分的變因，就會影響體脂的測量。所以測量體脂最好在固定的時間，比如一早起床沒進食前，然後自己和自己長期比較。

　　懷孕初期身體除了快速累積水分，身體能量系統也會傾向儲存脂肪，再加上中後期越來越多的羊水，胎兒的個體差異，所以其實懷孕期間不是不能使用電子式體脂機，而是非常不準確，而且通常是被低估的！

　　2014 年就有某研究找來 174 位懷孕 28-32 週的媽媽，利用

各個實驗室的 17 種方式測量她們的體脂肪，在不同的測量標準下評估這群人的平均體脂，結果竟然發現有大幅的差異。最低的平均測到 16%，最高的竟然達到 38%。白話來說就是，沒有一種方式是精準的。

體脂是體重輕但是脂肪高且肌肉量低的泡芙人的警惕，是耐力運動員自我評估的指標，是健美選手的重要依據。但是孕婦已經被太多數字（如體重、BMI、胎兒大小、羊水量）所綁架，實在不需要再多一個煩惱。雖然無法客觀的測量出孕婦的體脂，但是還是可以主觀的檢視自己的狀態。精緻澱粉、高 GI 的甜食和飲料，搭配久坐不動的生活型態，絕對是增加體脂的元兇，養成良好的習慣永遠比數字來得重要喔。

懷孕的前 3 個月，多數的媽媽體重增加 1-2 公斤，少數孕吐嚴重的人體重可能不升反降，這時候不用過度擔心，妳的寶寶這時候需要的不多，消失的體重都會回頭來找妳的。

孕期第 4 個月開始，妳的胃口開始恢復正常，胎盤開始源源不絕運送養份給胎兒。

到了第 5 個月，妳的體重上升約建議重量的 3 分之 1，此後平穩上揚。

最後 1-2 個月，又因為胎兒變大的物理性壓迫，食慾變差而趨緩。

孕期建議增加重量表

懷孕前身體質量指數（BMI）	孕期建議增加重量
< 19.8	12.5-18 公斤
19.8-26.0	11.5-16 公斤
26.0-29.0	7-11.5 公斤
> 29.0	不宜超過 7-8 公斤

*BMI ＝體重 (kg)÷ 身高 (m²)

　　看完了理想中完美的孕期體重上升計畫，接下來呢？不是趕快去量體重，而是快點忘了它。畢竟我們不是機器人，妳的體重不是別人的體重，也不僅僅是書本上的數字。比較晚結束的孕吐，一次嚴重的腸胃炎，和姊妹掏的下午茶聚會，彌月蛋糕的試吃巡禮，皆可能讓妳的體重震盪；別人的一句「妳怎麼胖那麼多！」「妳的肚子怎麼那麼小！」也都會使妳的心情起伏。懷孕只有 9 個月，女人要當一輩子，我們該檢視的是孕期是否養成良好的飲食習慣，營養素的攝取是否均衡。10 分鐘也好，將運動融入妳的孕期生活。那麼當你孕期結束，除了妳的寶寶，還能得到一個更健康的自己。

\ QA /
醫師我有問題

❖ **懷孕胖了 13 公斤，寶寶出生才 3 公斤，其他的重量都胖在我身上嗎？**

當然不是！懷孕增的體重，還有很大一部分是水分和血液喔，以這個狀況為例，胎兒 3000g、羊水約 1000g、胎盤約 600g、子宮增加的重量約 900g、身體增加的血液和水分約 4000g，這些重量（fat free mass）大約都會在產後 1 個月內消失，剩下只有 3-4 公斤脂肪（fat mass）等妳消滅它。

❖ **以前我冬天變胖都是先胖臉，為什麼懷孕卻都是先胖大腿？**

懷孕累積的脂肪很有個性，受到雌激素的作用，特別喜歡累積在大腿、後背和肚皮。產後瘦身時，又屬肚皮的脂肪最頑固最慢消失。

❖ **產後瘦身有沒有秘方？不要告訴我懷孕不要胖太多，這個方法我不接受。**

預防的確勝於治療，懷孕絕不可以減肥，但也不是增重比賽，穩定不爆衝的體重上升對孕期健康有絕對的幫助。在孕期就建立沒有剝奪感、健康均衡的飲食習慣，將運動融入每天的生活，就是產後容易瘦的不藏私秘訣。

養胎就好，真的？

　　人說嬰兒一眠大一寸，那麼胎兒呢？真的能吃在娘身胖在兒嗎？

　　首先，要釐清兩個觀念，第一，新生兒體重不是越重越好；第二，孕婦孕期體重的增加和新生兒體重也沒有絕對的關連性。比起孕期飲食，還有更多會影響出生體重的原因，像是遺傳基因永遠佔很高的比例，除此之外，孕期的健康狀態、胎盤功能也有很大的影響。例如控制不良的糖尿病或妊娠糖尿病產生高血糖的環境，會增加巨嬰的風險，影響胎兒肺臟的成熟發育；慢性高血壓、妊娠高血壓、子癲前症等會影響到胎盤功能，而胎盤就像土壤，沒有肥沃夠用的土質，我們澆再多的肥料，樹苗也很難長高。

　　而 4 個月後無法控制的孕吐、厭食症、孕婦本身刻意減肥導致長期熱量不足，或是營養失衡、嚴重貧血、接受過腸胃道大範圍切除手術的孕婦，以上極端狀況的孕婦，也都會影響胎兒體重，建議諮詢專業營養師調整飲食。

　　至於江湖上流傳養胎的食物，是不是真的有那麼神奇呢？也讓我們來檢視一下：

胎兒生長曲線

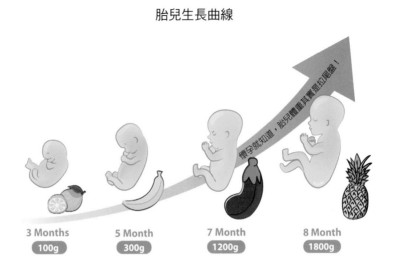

3 Months
100g

5 Month
300g

7 Month
1200g

8 Month
1800g

懷孕就知道，胎兒體重其實是扣尾盤！

牛肉

100g 的瘦牛肉含 20-25g 蛋白質，另外還有製造血紅素所必須的鐵質、維他命 B12，但相對飽和脂肪酸較高，建議單週攝取不超過 500g，避免半生熟的燒烤料理方式。

酪梨牛奶

酪梨含不飽和脂肪酸、維他命 A、葉酸、鉀、鎂，牛奶則有鈣質。這樣的組合營養價值頗高，但有時會為了增加風味添加過多的糖，要多注意。

甘蔗汁、榴槤

　　高糖分的水果和飲料容易拉高孕婦的血糖濃度，的確可能增加胎兒體重。但相對需注意高血糖的環境易導致胎兒肺臟發育受影響，妊娠糖尿病的孕婦也要避免食用。

滴雞精

　　液體的吸收真的比較好嗎？還是在處理過程中流失更多的營養，添入更多加工品？其實，若孕婦本身沒有腸胃道的疾病，沒有嚴重孕吐無法進食的狀況，固體的食物當然具有更完整的營養素，吸收也不會比液態的食品來得差。舉例來說，市售的滴雞精 1 包蛋白質含量約 4 克，完整雞蛋的蛋白質含量約 7 克，且同時含有維他命 D，營養價值比滴雞精更高。

媽媽奶粉

　　市面上大品牌的媽媽奶粉，1 份的蛋白質量約等於 1 顆雞蛋，但含糖量卻達 10-20g，就像喝下 1 杯介於微糖和半糖之間的奶茶。而且，除了鈣質以外，媽媽奶粉其他礦物質、維他命的含量皆偏低，應將它歸類在比較有營養的「含糖飲料」才是。

　　從孕婦飲食指南來看以上江湖流傳的養胎食物，各含有蛋白質、礦物質、維他命……，是有幾分道理。但至今並沒有醫學研

究顯示狂吃這些食物，胎兒就會比較大，所以孕婦當然不需要為了衝胎兒體重，餐餐牛排塞到想吐、酪梨牛奶當水喝。以均衡、健康、多樣化的飲食為根基，酌量有效率的使用營養補充品，才是養胎的不二法門。

＼ Ｑ Ａ ／
醫師我有問題

❖ **我懷孕時比隔壁阿花媽多胖了 7 公斤，寶寶出生卻和阿花的寶寶一樣都只有 3 公斤，不是說體重增加越多，小孩越大嗎？**

　　胎兒的大小除了和遺傳及胎盤功能有關係外，和媽媽體重的增加幅度當然有關聯。但這裡的體重不是你想像的體重，而是扣掉脂肪重量的淨體重（fat free mass），胎兒的大小和 fat free mass 呈正相關，但是和妳增加的脂肪總重量（fat mass）就沒有絕對關聯性了。

計較婦：「醫生，你們的體重計都比我家的重 1-2 公斤，
　　　　可以去校正一下嗎？」

淡定林：「妳在家都全身光光的量，這裡當然比較重
　　　　啦！」

計較婦：「醫師你可以不要這麼老實嗎？」（哭笑不得）

礦物質和維他命，妳補對了嗎？

　　根據 2013 年到 2016 年衛福部國民健康署針對國民日常飲食的問卷調查後，指出孕齡 19-44 歲的女性，在礦物質的缺乏嚴重程度上依序為鈣、鎂、鋅、鐵。維他命則為脂溶性的維他命 E 和維他命 D 短少比例較高。

註：鈣 46%（分子＝問卷調查／分母＝國健署的每日建議劑量；意指在這族群鈣的攝取量只達建議劑量的％）

鈣

　　即使孕期身體會增加鈣的再吸收率，需求按照邏輯並不需要增加，但由於乳糖不耐症的比例高加上台灣的飲食習慣，台灣女性的「鈣」真的缺很大，孕齡女性通常輸在起跑線上，在孕前就已經缺鈣了！如果沒有好好補充鈣，歷經懷孕、哺乳、停經等 3 個關卡之後，骨質疏鬆真的會成為一種婦女病！

鎂

　　吃鈣片、喝牛奶還是半夜抽筋連連嗎？問問自己妳今天夠「鎂」了嗎？

孕期種種不適很多無法用科學理論解釋，但可以抽絲剝繭用科學的方式解決。除了保暖做好，按摩放鬆以外，過去常認為孕婦半夜抽筋的主因來自於鈣質的不足，但臨床上常常發現吃鈣片、喝牛奶對於預防抽筋的成效有限。近年來不少研究發現孕期抽筋和血液中鎂離子濃度偏低有很大的關係。補充鎂能減少孕婦抽筋的頻率和強度。

　　鎂是骨骼裡的重要成分，幫助鈣和鉀的吸收，穩定肌肉神經，輔助蛋白質合成和細胞複製。缺乏鎂容易造成神經焦慮、失眠，增加發炎反應、影響恢復。鎂主要存在於深綠色蔬菜、五穀雜糧中，作為鈣質吸收的輔助品，過去一直被認為是配角，提到氧化鎂，直覺反應就是一顆治胃酸、兩顆助排便，在孕婦身上亦被廣泛使用，只因劑量不足，使得預防抽筋這項好處被忽略。但其實澳洲食藥署（TGA）認證，高劑量的鎂對於治療抽筋、緩解肌肉疼痛、提升睡眠品質都有好處。

　　此外，鎂也有軟便的功能，臨床上氧化鎂（MGO）是最便宜又安全解決便秘的處方，1顆氧化鎂約含有140mg的鎂離子，下次如果妳半夜容易失眠又抽筋，不妨試試睡前2顆氧化鎂，應該會有不錯的反應。但若大量食用鎂，副作用就是會腹瀉拉肚子！

　　女性基本鎂的需求量為每日300mg。綠色蔬菜（紫菜、波菜、花椰菜）、五穀雜糧、堅果類、香蕉等多種食物含有豐富的鎂，均衡飲食的狀況下應不至於缺乏。但是均衡飲食知易行難，過度加工的食品及偏少的蔬菜攝取，的確有可能造成「不夠鎂」的狀態。所以囉，多吃菜、多吃雜糧永遠是王道。

\　Q A　/
醫師我有問題

❖　**我常常抽筋，有沒有速成的方式可以補救？**

市售的孕婦綜合維他命鎂的含量只有每日需求的 3 分之1，如果均衡飲食執行上有困難，可選購添加鎂的鈣片預防抽筋。

目前澳洲、德國及歐洲一些藥局的藥師指示藥品，也有提供超過 300mg 的高單位鎂離子產品，就有緩解抽筋症狀及恢復肌肉痠痛的效果，也不失為一個選擇。

鋅

「女人補鐵，男人補鋅。」這句話只對了一半，主因是男性沒有每個月的「失血」，較不會有缺鐵的問題。但其實鋅對女性來講也相當重要。鋅有助於毛髮、傷口癒合，改善經痛、提升免疫力。食物中帶殼海鮮、五穀雜糧都含有豐富的鋅，市售的孕婦綜合維他命也皆含有足夠的鋅。

鐵

女性在生理期間平均失血 35-80c.c，所以平均血紅素都會略低於男性。當數值低於 11.5 gm/dl 時臨床稱之為貧血，月經量過多或是營養失衡是最常見貧血的原因，包括鐵質、蛋白質、維他命 B6、B12 和葉酸的缺乏都可能和貧血有關，缺鐵性貧血則是其

中最常見的類型，所以市售的女性綜合維他命常常會添加鐵的成分。

　　但是懷孕沒有月經的孕婦們為何還是常常會貧血呢？這是因為懷孕初期身體整體的血容積會增加，血液量變多了，紅血球製造的速度跟不上，簡單說就是血液變稀了，因而產生貧血。至於懷孕的中後期，為了將鐵分給胎兒來製造血紅素，鐵的需求會是孕前的 3 倍，而新生兒出生時身體已經預存了 4 個月的「鐵本」，真是叫媽媽不缺鐵也難！

　　缺鐵貧血的孕婦臉色容易蒼白、喘、體力差、注意力難集中，也會增加胎兒過小、早產及產後憂鬱症的機率，所以鐵多多的飲食很重要。動物性的鐵質來源，如牛、羊、豬、帶殼海鮮、蝦類、貝類，其含鐵量較高且吸收率比植物性的鐵來得好。深綠色蔬菜（紅莧菜、菠菜）、藻類、堅果類、豆類等食物中則是植物性鐵質豐富，但較容易在烹調過程中流失營養成分。

　　而且，並不是越紅的食物含鐵越高！坐月子產後常常餽贈的補鐵水果，如櫻桃、紅棗、火龍果，其實含鐵量不高，好處是可以直接食用，減少料理過程中鐵的流失，同時又富含維他命 C，可將鐵轉換成較容易吸收的形式。其實水果中含鐵量較高的是無花果乾，但須留意同時攝取到過高糖分的可能性。

　　如果鐵質攝取不足，建議補充口服鐵劑，從沒懷孕時每天 15mg 到第三孕期時每天 45mg，鐵質的需求會隨著胎兒越來越大而更高。除了綜合維他命，第三孕期可以每週補 2-3 次的鐵劑。

　　但注意口服鐵劑應避免和高鈣食物、茶類、咖啡一起服用，以免互相拮抗影響吸收。另外，鐵劑也不是吃越多越好，它本身

容易造成便秘，且過度食用會有沉積中毒的問題。一般人（非懷孕者）沒有醫師建議，避免常規補充，從食物中攝取較不會有過量的疑慮。

┤ 1分鐘小教室 ├

▶ 這些維他命，國人通常不缺！

　　國人最喜歡補充的維他命 B 群，在相關統計中，不分男女的攝取量皆超過需求的一倍。而喜歡補充 B 群，多數是為了提神、抗疲勞。但 B 群主要的角色為轉化身體蛋白質熱量成為能量的輔酶，是工廠運作潤滑劑，假設工廠的原料不夠，機器的運轉不夠穩定，潤滑劑再多也無用武之地。換句話說，日常的飲食若是失衡，如蛋白質不足、作息不正常，補充 B 群就有些本末倒置。其實維他命 B 群廣泛存在我們日常的飲食中，如肉類（豬肉最高）、五穀雜糧、深綠色蔬菜，正常飲食下，缺乏的機會很少。當攝取超過身體的需求時，水溶性的維他命就會從小便裡排出，所以當妳吃含有維他命 B2 的營養品時，尿尿就會變成 B2 的螢光黃。只有特殊族群如素食者需多補充 B12，孕婦則因維他命 B6 有止孕吐及輔助蛋白質吸收的需求，可適量補充。

　　維他命 A 為最早被發現的脂溶性維他命，幫忙製造眼睛感光細胞，對於維持皮膚健康，粘膜免疫力有一定的功效。動物性的維他命 A 濃度很高，主要源於動物的肝臟，基本上一份豬肝湯的維他命 A 含量就已超過每日所需求量。植物性的維他命

A 前驅物（beta- 胡蘿蔔素、 alpha- 胡蘿蔔素與 beta- 隱黃素），身體吃下後再自行在肝臟內合成，所以不會有過量的風險，主要來自胡蘿蔔、蕃薯、南瓜、芒果、香瓜、葡萄柚、蘆筍、菠菜、芥菜、綠花椰菜。以台灣人的飲食習慣生活水準，缺乏維他命 A 的情形不常見，但因為維他命 A 是脂溶性的維他命，要注意若長期油份攝取不足（例如餐餐水煮過油），就會有缺乏的風險。

維他命 D

維他命 D 是近來的當紅炸子雞，它參與鈣的吸收調控。對一般人來說，維他命 D 與自體免疫疾病、癌症、神經傳導、心臟病及骨骼健康有關聯性，近年來更有研究發現心血管疾病、糖尿病、癌症的病人血液中維他命 D 的濃度較低。對孕婦來說，維他命 D 則與早產、流產、妊娠糖尿病、子癲前症、胎兒過小有絕對的關係，嚴重缺乏會增加先天性佝僂病、新生兒骨折的風險。

9 成的維他命 D 來自於日曬，但是要曬多少才夠？基本上，大晴天，沒有空污遮蔽，不做防曬措施下曝曬至少 10 分鐘，每週至少兩次才足夠；剩下的 1 成則是來自於食物，例如蛋黃、深海魚類、日曬過的香菇等等。

因此，維他命 D 夠不夠，和妳本身的膚色（黑色素會阻擋維他命 D 的吸收）、所在的區域日照時間、空氣品質以及生活飲食習慣有很大的關聯，不同的季節檢測血中濃度也會得到不一致的

結果。

美國婦產科醫學會建議吃素、日曬不足、不愛運動的孕婦應接受維他命 D 是否足夠的檢測，不過，臨床上觀察到有接受檢驗的孕婦幾乎都有缺乏的情況，就是「還沒驗我就知道不夠」的程度。而國民健康營養狀況調查則發現 8 成以上的成年人有缺乏（<20ng/ml）情形。

因此，為補充維他命 D，除了選擇性增加日曬時間，日常飲食力求多元之外，直接補充營養補給品是一個較為實際的作法。通常建議缺乏維他命 D(<20ng/ml) 的孕婦議每日補充 1000IU-2000IU，補充 3 個月後再覆驗，若足夠則改成每日補充 400IU 到產後及哺乳期。

至於新生兒需要補充維他命 D 嗎？兒科醫學會建議純母乳或配方奶未達 1000ml 的寶寶每日補充 400IU 的維他命 D。至於已經開始吃副食品的小朋友及成人建議劑量則較為彈性，都是每天 400-1000IU。曬得多的時候隔天吃，曬得少的時候天天吃，除非是誤食大量錠劑，不然鮮少有過量的疑慮。

維他命 E

維他命 E 主要存在於堅果、深綠色蔬菜中，且食物的吸收率相對營養補充比來得高很多，深綠色蔬菜除了膳食纖維以外、維他命 E、葉酸、葉黃素、鎂的含量都很高。CP 值這麼高的食物，妳不多吃一點嗎？

以上的礦物質和維他命補充，可不是一到孕期看大家補就跟著補，補充營養品也是也需要客製化的，請先檢視自己的飲食習慣，再看看自己補對了嗎？

　　要特別注意的是，相對於補充過量就隨尿而去的水溶性的維他命，脂溶性的維他命則是隨著脂肪一起被人體吸收，在肝臟或脂肪中儲存，因此需注意飲食中的油脂是否足夠，不建議餐餐水煮，且非食補而是透過營養品補充時，也需小心過量。

\ Q A /
醫師我有問題

❖ **維他命 A 致畸胎？真的假的？**

　　孕婦、成人每日建議補充維他命 A 的劑量為 770mg（約 2600IU），哺乳中每日建議劑量為 1300mg（約 4300IU），美國婦產科醫學會建議單日補充劑量不要超過 5000IU。

　　缺乏維他命 A 的會造成夜盲症、乾眼症、皮膚乾燥、落髮，以及免疫力下降，呼吸道易感染等等。而食用過量的維他命 A 則會肝功能異常、骨密度降低（可能造成骨質疏鬆症）、神經系統異常。急性中毒可能會頭暈、噁心、視力模糊甚至死亡。市面上販售的魚肝油因為味道甜甜的，須注意幼童誤吞下大量的風險！

　　90 年代有零星的研究顯示過量補充維他命 A 可能會增加畸胎的風險，但沒有明確指出多大的劑量叫過量，又是何種胎兒異常。近年來一個前瞻性研究納入 423 個孕婦，在懷孕的前九週每

天投予 10,000IU-30,000IU 的維他命 A，其中有 3 個胎兒有先天異常，但是異常程度和劑量並沒有關聯性。這個看起來有點違背醫學倫理的實驗證明了，維他命 A 的補充應該是安全沒有致畸胎性的。但應用在臨床上，專家仍是建議孕期無須刻意補充維他命 A。

❖ 孕前的綜合維他命，懷孕後可以續吃嗎？

可以。比較一般成人綜合維他命和孕期綜合維他命，內容含差異其實不大，媽媽們初期在選擇綜合維他命時，會針對維他命 A 做考量，但其實市面上的品牌維他命 A 的劑量都是安全的，如果不會孕吐，不需要刻意在第一孕期避開食用。如果你很介意你手上的綜合維他命含有維他命 A，也不需要丟棄。我建議另外挑選別牌交替食用即可。而孕期需要的葉酸，一般成人綜合維他命也有基本的劑量，加上三餐的蔬菜食用量，理應足夠。

❖ 哺乳時需要繼續補充維他命和礦物質嗎？

當然需要。哺乳期所需的微量元素比起懷孕皆有過之而無不及，為了媽媽的骨本和髮量，蛋白質、鈣、鐵、維他命 D 不可少。

不同孕期的營養素需求量

	懷孕前 需要量	第一孕期 （～12 週）	第二孕期 （12～24 週）	第三孕期 （24～40 週）
蛋白質	1 公斤體重 約 1 公克	+10 公克	+10 公克	+10 公克
維他命 A	500 微克	不需要增加	不需要增加	+100 微克
維他命 D	5 微克	+5 微克	+5 微克	+5 微克
維他命 E	12 毫克	+2 毫克	+2 毫克	+2 毫克
維他命 K	90 微克	不需要增加	不需要增加	不需要增加
維他命 C	100 毫克	+10 毫克	+10 毫克	+10 毫克
維他命 B1	0.9 毫克	+0.2 毫克	+0.2 毫克	+0.3 毫克
維他命 B2	1 毫克	+0.2 毫克	+0.2 毫克	+0.4 毫克
菸鹼素	14 毫克	+0.2 毫克	+0.2 毫克	+0.4 毫克
維他命 B6	1.5 毫克	+0.4 毫克	+0.4 毫克	+0.4 毫克
維他命 B12	2.4 微克	+0.2 微克	+0.2 微克	+0.2 微克
葉酸	400 微克	+200 微克	+200 微克	+200 微克
膽素	390 毫克	+20 毫克	+20 毫克	+20 毫克
生物素	30 毫克	不需要增加	不需要增加	不需要增加
泛酸	5 毫克	+1 毫克	+1 毫克	+1 毫克
鈣	1000 毫克	不需要增加	不需要增加	不需要增加
磷	800 毫克	不需要增加	不需要增加	不需要增加
鎂	320 毫克	+35 毫克	+35 毫克	+35 毫克
鐵	15 毫克	不需要增加	不需要增加	+30 毫克
鋅	12 毫克	+3 毫克	+3 毫克	+3 毫克
碘	140 微克	+60 微克	+60 微克	+60 微克
硒	55 微克	+5 微克	+5 微克	+5 微克
氟	3 毫克	不需要增加	不需要增加	不需要增加

資料來源：國人膳食營養素參考攝取量（DRIS）

孕期，別嘗試間歇性斷食、生酮

　　前文曾經提過，懷孕時身體會啟動累積脂肪模式，若是刻意減少熱量攝取，會對胎兒及母體造成不良的影響，所以懷孕時不適宜減肥，那麼，如果平時有用特殊飲食法來維持體重，孕期還適合持續嗎？

　　先說答案：不適合。

　　舉生酮飲食來說，以高脂、低碳水化合物（低碳水化合物為限制每日攝取量小於 50 公克，約 1 碗白飯）的飲食模式，強迫身體燃燒脂肪，產生酮體取代葡萄糖當作能量來源，因而達到減重的目的。所以網路上常有人用「吃油燒油」、「大口吃肥肉瘦身」來形容生酮飲食。

　　要了解為什麼孕婦不適合生酮飲食，就要從為什麼生酮飲食可以減重講起。碳水化合物，碳水、碳水，顧名思義就是會帶著水。1 克的肝醣可以夾帶 4 克的水。限制碳水化合物的攝取，會使得身體留不住水份。所以生酮飲食一開始減輕的體重有很大一部份是水，剛嘗試生酮飲食的人也往往會有口乾舌燥及多尿的症狀。

　　然而女人是水做的，胎兒也是。身體的組成 70% 都是水，水

分是胚胎發育相當重要的營養素之一，因此整個孕期水分的補充都相當重要，而相對缺水的生酮環境，除了不利於新生命的發展，到了中後期也會引發子宮收縮。另外，生酮飲食的人主要仰賴酮體當作能量來源，酮體除了能提供熱量，本身就有抑制食慾的效果，在懷孕初期可能會加重孕吐、食慾不振的情形。

　　2013 年時一個以大鼠為對象的動物實驗中發現，孕期採用生酮飲食的母鼠，其子代有腦部、肝臟的發育異常，母鼠本身也容易有酮酸中毒的現象。對於人類胎兒的影響則至今未明，主要在於醫學實驗的設計上，孕婦是所謂「容易受傷害族群」，所以過去甚至未來，都很難有讓孕婦嘗試生酮的研究。

　　而且，和一般飲食相比，生酮飲食的食物種類相對選擇較少，畢竟，碳水化合物不僅僅是熱量，醣也不僅僅只是糖，而限制的背後往往就是營養不均衡。限制五穀雜糧會使維他命 B 攝取減少；禁止牛奶飲用可能導致母體鈣質不足；蔬菜水果的種類受限則會導致膳食纖維的不足、葉酸不夠，除了容易造成便秘外，也會使得營養素吸收不均衡。

　　此外，約 3 分之 1 的人嘗試生酮飲食後，會對血脂肪產生不良的影響，也就是低密度的膽固醇（LDL）上升，增加心血管疾病的風險。過往孕婦在臨床上也被發現，即使不改變飲食型態，血脂肪也會有明顯升高的狀況，這兩項因子加成起來的風險雖無法評估，但的確讓人無法忽視。最後也是最重要的一點，生酮飲食的主要目的為減肥，懷孕的時候千萬不能減肥啊！

　　至於另一項很熱門的間歇性斷食呢？為什麼不適合孕婦？

　　首先，間歇性斷食是在不大幅度改變熱量攝取的情形下，將用餐的時間限制在一定時間以內。當我們空腹時，血糖和胰島素下降，提醒大腦將儲存在肝臟內的肝醣釋放出來救急，不過人體的肝醣儲存是有限的，大約只能擋 12-16 小時，還好我們的脂肪有無限可能，這個時候人體就會開始利用脂肪作為能量來源，達到減脂的效果。可行性最高的方式為 16 ／ 8 斷食法，也就是 16 個小時禁食，8 小時吃東西。比如，晚餐 8 點前吃完，早餐不要吃，中餐 12 點以後再吃。

　　這個飲食法相較於其他低熱量的減肥方式，僅改變熱量攝取的時間，不影響總熱量，因而較不容易降低基礎代謝率及肌肉量。本來就不怕餓，沒有吃早餐習慣的人，可以考慮嘗試，但是成功關鍵還是在於整體熱量。反過來講，一餓就容易暴怒或是容易低血糖的族群則不適用。

　　所以啦，孕婦當然不適合間歇性斷食。因為胎兒的能量來源為葡萄糖，為了保留更多的糖給寶寶，胎盤會分泌激素拮抗胰島素，使得胰島素的功能變差。再加上孕婦腸胃吸收變慢，空腹時身體利用肝醣轉換為葡萄糖的能力也變差，這些因素都會使得孕婦容易低血糖。

　　日常生活中就很常聽到本來習慣不吃早餐直接通勤的女性，一旦懷孕後若維持一樣空腹上班的模式，易產生頭暈眼花低血糖的狀況，所以孕婦採用間歇性斷食飲食法是很危險的！

　　附帶一提，如果是一般女性要減肥，間歇性斷食執行的可行性和持久性較高。如果妳的職業作息很難正常，習慣晚睡晚起，

將整天的熱量集中於兩餐，不失為一個減肥的小花招。但決定成功的關鍵往往在於，妳斷食的時間有沒有偷吃零食以及剩下兩餐的熱量攝取是不是爆表。

　　長遠來看，與其將意志力用在忍著一段時間不吃東西，不如關注調作息三餐正常，均衡飲食，少甜食、少炸物才是王道！

┤ 1分鐘小教室 ├

▶ 酮酸中毒

　　血液中充滿酮體，但因胰島素不足使得「身體看得到吃不到」，過多得酮體會使得血液酸化導致酸中毒。一般來說會出現在控制不良的糖尿病患者上。

＼ Q A ／
醫師我有問題

❖　**哺乳媽媽是否可以利用生酮飲食減重？**

除了考量到過於油膩的飲食會增加塞奶的可能性之外，越來越多研究顯示，哺乳期間採用生酮會增加酮酸中毒的風險。所以哺乳媽媽不建議採用生酮飲食喔。

❖　**哺乳媽媽是否可以利用間歇性斷食減重？**

雖然哺乳期的妳可以間歇性的進食，但是妳的胸部不允許！基本上排空乳房的過程就是一次熱量的消耗，媽媽們常在餵完奶容易感到頭暈眼花、低血糖，因此哺乳期不建議間歇性斷食。

如果妳人生只會胖一次，那可能就是懷孕吧！

　　懷孕不變胖，可能嗎？是有可能，但是很難很難。即使我是個暖男，還是必須告訴妳一個殘酷的事實：孕期吸收率會變好，就算妳懷孕後完全沒增加食量，體重至少也會重 5 公斤。

　　由於吃下肚的食物利用率提高、吸收變好，所以容易餓，食量變大、體重變胖都非常正常。

　　以最嚴格的標準來說，孕期前 3 個月可能會孕吐、食慾不振，通常不太會增加體重；中間 3 個月可以每個月重 1 公斤，等於懷孕 6 個月時只重 3-4 公斤；最後 3 個月由於寶寶也開始增加體重，所以孕婦基本上會以 2-3 週重 1 公斤的速度增加體重，這 3 個月期間大概可以重 5 公斤。加總下來，整個孕期平均重 8-9 公斤。

　　先不要尖叫！我有說這是最嚴格的標準，平均來說，台灣對孕婦增重的標準是 8-12 公斤，而超嚴格的日本則是只有 5-8 公斤。

　　別以為上述的標準是件容易的事，每個月我的門診都超過 100 個孕婦準備生產，但整個孕期能控制在 10 公斤以內的，十根手指頭數得出來。妳看很多藝人、網美可能整個孕期只重 3 公斤，其實通常都餓得半死，或是靠大量運動才有辦法維持。

再餓，也要選擇吃對的食物

既然無法阻止吸收變好，難道孕婦就應該放飛自我想吃就吃？當然不是！

由於吸收率變好，孕婦往往很容易餓，不是正在吃東西便在覓食路上，最垂手可得的食物通常是洋芋片和麵包等精緻澱粉類，嗑下去是很療癒啦，但也容易讓體重直線上升。

如果妳真的不能維持孕前食量，每天都好餓好餓，那妳更要注意吃「對的食物」，包括非精緻澱粉如地瓜、南瓜、馬鈴薯，並多攝取蛋白質跟蔬菜水果。

我知道大家都不想算熱量，最簡單的方式就是謹記「4分之1原則」，就是一個餐盤中，非精緻澱粉及蛋白質各4分之1，剩下的2分之1就是各種蔬菜水果；或者也可以參考衛福部國民健康署「健康餐盤」，了解怎麼吃才營養均衡又不爆卡，同時也能檢視一下自己平常的飲食是否有哪些該優化的地方。

仔細檢視多數台灣人的飲食習慣，妳就會發現，其實大家都攝取了過多精緻澱粉、油脂，蛋白質及蔬菜卻少得可憐；而有些人因為對飲食有自覺，會刻意吃很多蛋白質跟非精緻澱粉，乍看像是「節食」，反而真的攝取了營養均衡的飲食。

簡單來說啦，妳無法阻止肚子餓，但妳至少要管得住嘴巴。培養自覺及對飲食的敏銳度，而不是看到什麼就抓來吃，也能避免讓孕期體重一飛沖天。

對了，我聽說有些孕婦睡前肚子餓又不敢亂吃宵夜，便喝媽

媽奶粉止飢，這真的母湯！媽媽奶粉跟安素一樣，是針對食慾不振、難以進食的人設計的，熱量可不低喔！假如妳平常已經吃得不錯，又三不五時灌媽媽奶粉，無疑是在增肥啊！

偷偷告訴妳，孕期肚子餓，最好的宵夜選擇就是水煮蛋、蔬菜湯、羅宋湯，大量蔬菜纖維也能改善便秘，吃多了也不怕變胖。

瘦孕婦更要控制體重！

在這裡也要跟大家溝通一個觀念，有些人可能覺得反正我本來很瘦，懷孕後有比較多「扣打」可以胖，其實瘦子更該注意孕期體重控制。

怎麼說呢？原理很簡單，如果原本就胖胖的人，從 70 公斤變 90 公斤，等於增加了 2 成體重；而瘦瘦的 50 公斤一樣增加 20 公斤，卻是多了 4 成的體重。聽起來是不是很驚人？

所以不只是原本就胖的人不應該重太多，瘦的人更應該要控制體重，因為胖太多會造成心肺過大負擔，還很容易腰痛、恥骨痛、動不動就喘。

奇妙的是，明明孕期不胖太多是好事，可是瘦瘦的孕婦卻常常被三姑六婆說：「怎麼都沒有胖！」、「這樣小孩不會大！」，我要再說一次，媽媽重多少跟寶寶大小一點關係都沒有，胖太多，妳還是只能靠自己減回來，可別以為生出個巨嬰之後體重能立刻回彈成原狀喔。

最難的是「拒絕的勇氣」

依據我在診間的觀察，老實說，孕婦胖得太多，一方面是懷孕容易餓，但真正的關鍵是：「妳覺得自己應該餓了」。前者是生理現象，後者則是更重要的心理問題。

根據 ×5 診間超不嚴謹的統計，孕婦開吃的 Top3 理由分別是：

1. 不吃小孩怎麼會大？
2. 你媽叫我吃。
3. 不吃是餓到你小孩。

目前的台灣社會，只要一懷孕，大家都會要妳多吃補身體、多休息少勞動，於是妳可能也理所當然地覺得該多吃、多補，才對寶寶有益。但我一直覺得這是個需要翻轉的觀念，因為懷孕不是生病，懷孕是一個慢慢變重的過程，既然都變重變胖了，怎麼還應該多吃多休息呢？

一個身高 150 公分，孕前體重 50 公斤的人，懷孕後如果維持孕前食量，再怎麼胖也不可能超過 65 公斤。如果超過，那代表生活中有了某些改變，可能一天三餐變五餐，還有很多零嘴等等。

我要說的是，真正難的不是控制體重，最難的其實是「不改變」。

懷孕之後，能夠對於那些「孕婦要多吃少動」的輿論不為所動的人少之又少，要在三姑六婆的關（ㄍㄢ）心（ㄕㄜˋ）中，

維持自己的健康飲食及運動原則，真的是一件很難很難的事。

　　所以，如果妳真的不想胖太多，最重要的不是立刻馬景濤式把家人準備的補品全掃到地上（戲也太滿），而是讓自己去接受我說的這些觀念：懷孕不是生病，不需要多吃多休息。

　　當妳內建了這些觀念，就會更有「拒絕的勇氣」，妳能夠更堅定且委婉的拒絕過多高熱量食物、拒絕要妳多坐多躺的要求；同時妳也可以慢慢讓家人知道，拒絕背後的理由及想法是什麼，而不是一味的反骨。

　　這道理就很像公司單位訂飲料，明明妳不想訂，但同事喊說「就差妳1杯」，妳還是耳根子一軟就又訂了。其實妳一兩次不訂，久了同事就不會揪妳，根本就不會真的少妳1杯。只要妳自己硬起來，世界上沒人可以逼妳，對嗎？

胖就胖啊，重點是有沒有辦法瘦回去

　　大家都知道，我是婦產科界最放縱孕婦的暖男，從來不會嚴格盯梢孕婦的體重，當然我也聽說過，有些醫生相當嚴厲，讓眾多孕婦想到隔天要產檢、量體重就擔心到失眠。

　　聽起來對於體重控制是滿有效的，但同樣身為需要體重控制的我來說，我想要的是一個會鼓勵我、陪伴我的教練，而不是老是幹譙我的魔鬼班長。尤其孕期已經要承受不少心理壓力，我會建議孕婦選擇一個跟自己合得來的、相處輕鬆愉快的醫師，陪妳度過整個孕期。

常有孕婦問我，胖好多怎麼辦？我的想法是，胖就胖啊，重點是有沒有辦法瘦回去。我看過很多產後 3 年還更胖的媽媽，也見識過連續兩胎產後 3 個月就瘦了 20 公斤的媽媽，如果妳有這種毅力，孕期真的非得超嚴苛控制嗎？我倒覺得不一定。

只是減肥跟創業一樣，沒人保證能成功，尤其產後真的比想像中累，做人不要對自己太有信心。有人將瘦身希望寄託在餵母奶，欸，但妳怎麼保證一定有奶？如果一天只擠得出 50c.c. 那瘦個屁啊～

產後整個生活型態的大幅改變，肯定是超乎妳的想像，也有很多人帶小孩太累就狂吃零食紓壓，一站上體重機才驚覺怎麼把自己體態搞成這樣（我就是這樣，完全懂！）。

所以啊，與其產後減得生不如死，不如一發現懷孕時就培養正確觀念，好好控制體重，也能讓整個孕期更加輕鬆喔！

PART 2

孕期運動篇

懷孕不是生病，過去認為孕婦能躺不要坐、能坐不要站的觀念，早就不適用了。事實證明，規律的運動對於胎兒不僅沒有任何不良的影響，更對於孕期中母親和孩子的健康有莫大的助益，而且，運動也是療癒孕期大小疑難雜症和身體不適最天然的處方籤。

所以，孕期，當然「可以」也「應該」運動喔！

孕婦「可以」也「應該」運動

以前曾聽說，一個人成熟、改變有 3 個重要時機：結婚、生兒育女或是生病。

結了婚得和一個來自不同家庭的人朝夕相處；懷孕生子讓人蛻變成父母，除了孕期各種不舒服，產後的各種崩潰，還得坦然有耐心地面對自己孕育出的新生命；生病，則讓人必須誠實面對自己的身體，即使有家人與醫師的支持，很多時刻都得自己勇敢承受。

但我樂觀的希望，能將「生病」替換成「開始運動」。當妳愛上運動，讓運動成為生活習慣後，同樣更能真實的面對自己的身體，在每一次的力竭和喘息後，感受到自身的進步。

那麼當懷孕生子遇上運動又會激出什麼樣的火花呢？絕對是能讓妳人生產生天翻地覆的改變。

過去認為孕婦能躺不要坐、能坐不要站的觀念，請快放下吧！現今的研究早已指出，規律的運動對於胎兒不僅沒有任何不良的影響，更對於孕期中媽寶的健康有莫大的助益。因此美國婦產科醫學會早給出建議：

第一，所有沒有妊娠併發症的孕婦，在產前產後都應該被鼓勵從事運動，包含有氧運動及肌力訓練。

　　第二，雖然「臥床多休息」是多數醫師習慣的建議，但在孕期大部分的狀況下，這個處方籤是無效的！產科醫師應評估孕婦狀態後，提供適合的運動方針。

　　說起來，運動可是懷孕各種症頭的萬靈丹，雖然藥效不快，卻很持久又不用擔心任何副作用。孕期運動有那些好處？我們在下面慢慢談。

孕婦，運不運動差很大

水腫

脹氣

腹直肌分離
妊娠紋

下背痛
恥骨痛

膝蓋痛

睡得好

心情好

沒煩腦

不運動　　　　　運動

養胎不養肉

懷孕不適合減肥，但是孕期的體重平穩上升很重要，因為孕期產生的膝蓋痛、腰痠背痛、容易喘、妊娠紋、腹直肌分離等惱人的不適都和體重的忽然暴增有關。前面三項症狀，都是因為肌肉無力承擔負重而產生，至於為什麼運動可以避免長出妊娠紋、腹直肌分離？

想像一下，同樣是捍麵，要怎麼避免麵皮撐破或是麵皮龜裂？答案是：慢工出細活，師傅越認真按摩麵糰，捍麵時不心急，慢慢撐開，加上維持麵糰的本質越Q彈、溼度越高就不容易撐破龜裂。套用到孕婦的肚皮上，認真的按摩肚皮，體重上升不要太快，真皮層的膠原蛋白越有彈性、皮膚越保濕就不容易撐出紋路。

所以啦，運動不僅有助於體重穩定，還能刺激膠原蛋白新生，腹部核心運動更是最好的深層按摩，雖然無法逆轉長不長紋的基因，但卻是最有效降低紋路產生的按摩油。而且，孕期規律運動和健康飲食有助於穩定血糖，還有最令人聞之色變的體脂肪的堆積，是孕期不胖太多又能產後順利瘦身的大幫手。

不只養胎，還能「養胎盤」

大家都知道，孕期變胖變重是免不了的過程，但想養胎不養肉，除了注意吃進去的食物，還有一個不傳秘技，就是孕期規律運動。而且，孕期運動的好處不只養胎，還能「養胎盤」！

根據 90 年代科學家利用超音波的系列測量結果顯示，在孕

期 14 週開始有規律運動的孕婦，胎盤的成長速度相對於同週數的孕婦來得快，尺寸比較大、血管也較豐富。由於胎盤負責傳遞母體的營養和氧氣給胎兒，同時也幫助排除代謝廢物，並且肩負起保護胎兒的重責大任，就像是樹的根，根基穩樹才長得高，如果根基扎不穩，後期灌溉施肥的效果也有限。

由於胎盤是胎兒成長的重要關鍵，所以一旦它的功能減退，就會造成胎兒生長遲緩、營養不良，甚至缺氧，影響腦部發育；有些孕婦到了懷孕後期，血壓莫名的就高起來，胎兒長不大，在醫學進展下，已經可以確認這是一種胎盤功能不良而引起的子癇前症（又稱妊娠毒血症）。子癇前症在過去對產婦胎兒都是一個摸不透的殺手，是對孕婦影響很大的產科併發症，但現在已可透過子癇前症風險評估早期篩檢高風險的孕婦，利用阿斯匹靈改善子宮動脈血流。而其實「運動」是另一個有效的處方，規律的運動能促進血液循環、增加身體的總血量、改善子宮動脈的血流，可以幫助妳的胎盤更強壯。

自我感覺良好

以前有一句話說，學音樂的孩子不會變壞，用在孕期，應該是有運動的媽媽不會憂鬱。

懷孕初期開始，或許妳的生理疲勞，但心靈卻是天馬行空無法休息，失眠、多夢、想東想西……，不由自主的壓力就很大。所以很多孕婦一懷孕就離不開甜食，因為巧克力、含糖飲料會分泌腦內啡讓人產生欣悅感，久而久之，大腦會對這樣的欣悅感產

生依賴，進食不再是止餓，而是止妳的「癮」，而且這樣的癮和毒品一樣，需要的劑量會越來越高，到後期要戒斷甜食的痛苦就越來越深。從內分泌學的角度來看，吃下甜食隨之而來的血糖波動，會影響胰島素飆升，讓妳越吃越餓！待激情退去、甜蜜感過去，往往讓孕婦們陷入罪惡感的循環。

這時候，請不要再依賴甜食了，運動更容易「自我感覺良好」，不僅能分泌對抗疼痛憂鬱的快樂賀爾蒙腦內啡，還會增加促進幸福感的多巴胺濃度，穩定妳的心還能穩定妳的「糖」。連續 20 分鐘的有氧運動效果，其實比吃巧克力好呢！

所以當妳孕期承受很大的世俗壓力，擔心寶寶健康常焦慮胡思亂想，請放下手中的珍奶和蛋糕，靠運動紓壓吧！

為了適應懷孕時的種種不適、生理改變、生產及新生命，孕期除了儲備體重，真得更需要儲備體力。除了上述這些好處，懷孕難以啟齒的痔瘡、便秘、脹氣和漏尿，以及肩頸痠痛、下背痛、骨盆痛、肚子下墜感很重、下半身腫脹等等，其實透過恰當的運動都能緩解。研究更顯示，有在運動的孕婦較少表示無力、疲倦，四肢也較少水腫。對孕婦來説，運動毫無疑問是最天然、最有效的處方籤無誤！

＼　Q A　／
醫師我有問題

❖　**有規律運動的孕婦會比較好生嗎？**

不一定。習慣運動的孕婦有沒有比較好生產，這類型的大小研究結果不一定。有研究顯示，懷孕時有做重量訓練（負重訓練、阻力訓練），產程較短且較少併發症。但也有小型的研究顯示，跑量高的跑者孕婦反而因為髖部、臀部肌肉太緊繃，而增加難產的風險。但可以肯定的是，有較好的體能狀況，對於產後能早點恢復有莫大的幫忙。

❖　**足月了我都沒有產兆，去爬爬樓梯做「最後衝刺」有沒有幫助？隔壁阿姨說蹲著擦地板會生很快，真的嗎？**

生產不是考試也不是選舉，真的不需要最後衝刺，隨著孕婦身體負荷包含體重、心肺越來越重，運動的強度應該隨週數遞減，而不是忽然暴增強度和量。

蹲著擦地板、爬樓梯某種程度是自身荷重的訓練，倘若整個孕期都有操持家務當然可以繼續，如果沒有，不如好好地爬爬文章、滑滑平板，老話一句，孕期運動百分百是為了自己的健康體態，至於好不好生就丟給產科醫師煩惱吧！

未滿 3 個月的約定？

　　既然運動對孕婦好處多多，那懷孕未滿 3 個月前，到底是可不可以運動？回答這個問題前，我們先來反思為什麼是 3 個月這個時間點？為何不是領到媽媽手冊，不是 2 個月，也不是 4 個月呢？

　　第一孕期，也就是所謂 3 個月內，是胎兒器官發育的重要階段，在第一孕期的結構篩檢超音波時，我們已經可以看到胎兒的四肢、臟器的初步型態。講得白話一點，3 個月內的「變數」都還很大！

　　首先在妊娠 5-6 週時要確認胚胎著床的位置，排除 1% 子宮外孕的可能性；接下來還要看到閃爍的心跳，排除萎縮卵的可能性；而在 10 週左右已經可約略看到胎兒四肢的芽孢。所以有人打趣的説，懷孕初期的產檢每次都像過關斬將，因為根據醫學上的統計，3 個月內流產的風險高達 20%，而主要的原因還是在於胚胎本身發育不正常。

　　因此要回答「懷孕未滿 3 個月前，到底是可不可以運動？」這個問題，應該分成醫學上和社會學上兩個角度。

　　就醫學觀點來看，沒有任何研究指出運動會增加早期流產的

風險，因此，孕婦如果沒有出血，也沒有明顯孕吐、無力的狀況下，並不需要改變原本的生活型態，仍舊可以運動。當然醫學不單純是白紙黑字的科學，尤其是懷孕這件事情牽扯的社會層面又更多，倘若一個有在規律運動的女性早期流產，以下這些話語肯定很熟悉：

「早就叫妳不要運動了啊，妳看果然吧！」

「外國人子宮比較強啦，我看妳下次還是不要運動，乖乖躺著比較好。」

流產是那麼讓人感到痛苦、孤單、沮喪，而且也很可能是一個女性心靈最脆弱的時候，但流產的婦女經常除了承受失去新生命的苦，還要面對流產前的食衣住行都一一被翻出來檢討的狀況。

其實一般來說，早期流產和大自然的法則一樣，不正常的胚胎會自然淘汰，多數的早期流產是不可預防的，當然跟有沒有運動沒太大關係。

因此這個問題的答案是：醫學上沒有理由不行，但是要考慮的社會層面實在太多。如果我們暫時無力改變社會氛圍，只好問問自己，如果萬一怎麼樣了，我的伴侶、家人能不能夠表達理解，作為我的後盾？我的心理素質夠不夠強去應付這些輿論，盡量別讓不經意的言語在心裡烙印下痕跡？

醫師我有問題

❖ **如果不幸早期流產後，什麼時候能恢復運動？**

流產的當天請好好休息。隔天就可以正常的生活不需要臥床，3 天左右可以開始快走、騎車等一些輕度的運動，循序漸進增加，大原則就和生理期來一樣，出血量多腹痛那就先暫緩。約 1 週可回歸日常。

❖ **如果是人工生殖，「懷孕未滿 3 個月前，到底是可不可以運動？」這個問題的答案會不一樣嗎？**

答案一樣，但是人工受孕早期出血率及子宮外孕機率較高，再加上社會期望較高，因此臨床上傾向更保守。為避免受刺激長大的卵泡發生扭轉，前 3 個月應避免跳躍，先以靜態的瑜伽伸展為主。

孕動，什麼適合我？

　　看完上一篇，妳應該理解很多人總是告訴孕婦，前面乖乖躺著不要動，等滿 3 個月再開始積極運動的原因了。而除了上述醫學上和社會學上兩個角度，這背後還隱藏著對運動醫學的誤解，因為體能就像爬樓梯，一階一階往上才能踩得穩爬得高。如果妳前面好幾個月都不動，後面通常想動也動不了，且不熟悉和恐懼反而更容易導致運動傷害。

　　基本上僅有少數高危險族群的孕婦不適合運動，比如高齡、體重過重，或是下列狀況：

- 本身有嚴重心肺疾病。
- 子宮頸閉鎖不全或是做過環紮手術。
- 雙胞胎或多胞胎且有早產風險的情況。
- 26 週以後仍有前置胎盤。
- 有早產徵兆或破水。
- 子癲前症或妊娠高血壓。
- 嚴重貧血。

　　除了以上特殊狀況，大多數的媽媽選對方法都可以在孕期開

心動起來！不過，孕期運動還是得注意特別避免以下3種：

1、摔倒跌落風險機會高的運動，如下坡滑雪、攀岩、騎馬。

2、強烈肢體碰撞的運動，如橄欖球、籃球、躲避球。

3、水肺潛水，若不幸發生潛水夫病，會影響胎兒生長發育。

其他9成以上的運動種類，假設妳孕前就已經很熟悉，基本上都不需要放棄，只是需要聆聽自己的聲音，調整到適合現階段的強度或者改用其他訓練方式即可。比如說，打羽毛球的強度需調整成休閒的互打即可；跑步時，不要一味拼成績，或者堅持挑戰沒嘗試過的全程馬拉松；深潛的愛好者可以轉為浮潛或是游泳；滑雪和攀岩的愛好者也不用難過，可以趁懷孕時訓練肌力，或許產後妳的表現會更好喔！

┤1分鐘小教室├

▶ 孕婦運動的強度評估

由於每個人的儲備心率、最大心率不完全相同，為達到相同的運動效果，無法單用心律作為評估。而且孕婦靜止心跳較高，儲備心率較小，心跳已經無法客觀反應出當下的運動強度，因此美國婦產科醫學會在1996年後取消以每分鐘心跳140下做為孕婦運動運動的規範。評估運動強度夠不夠，目前有以下方式。

1、談話測試：在運動時可以嘗試和教練或是運動夥伴講出一個完整的句子，如果困難，表示強度太高，呼吸過喘。

「阿！我好累……我明天不想運動了……」這個程度就沒

問題。

　「我……等……一……一下……要……要……吃……吃……鹽……酥……雞雞……」這樣就是太喘了,請降低強度。

　2、感覺盡力程度評級表(Rating of Perceived Exertion Scale):利用此量表請孕婦根據自身狀況做評估,RPE 量表數值範圍從 6-20 分,懷孕初期若感覺無力、想吐,在 10-11 分相對較輕的範圍比較適合;其他孕期的強度建議維持在 13-14 分有點吃力但還可以接受的程度。

　此外,運動後的恢復也相當重要,運動當日的睡眠品質是否良好,隔天肌肉痠痛程度有無影響到正常作息,這些都要列入評估。

　至於孕前沒有固定運動,想為了更好的自己而動起來的孕婦,其實只要從改變生活型態開始就可以了。例如:提前幾站下車、以爬樓梯取代電梯、改以步行方式到達目的地……,都是不錯的有氧運動。以下這些運動也非常推薦孕婦嘗試,一般來說,運動的頻率可以從一週 3 次逐漸增加至一週 4 次,時間從 15 分鐘開始到 45 分鐘。

瑜伽

　　從呼吸法、體位、調整姿勢、喚醒核心，針對孕期生產需要的肌力做訓練及放鬆，孕婦瑜伽是所有運動新手媽媽的好選擇。不過第二孕期後因肚子變大壓迫到下腔靜脈，需避開完全躺平的姿勢，以免造成暈眩不適。另外，請避免熱瑜伽，因為潮濕悶熱的訓練環境不適合孕婦。附帶一提，運動的強度和消耗的熱量，並不能以流汗的多寡來判斷，妳脫掉的不是脂肪而是水分。

　　而近年流行的空中瑜伽，和傳統瑜伽不同，許多延伸平衡的動作是在懸吊的布上完成的，相對於地板上的瑜伽需要更多平衡搭配關節活動度。雖然在鬆弛素的作用下，孕婦的關節活動度較大，但相對重心較不穩，若本身是瑜伽動作的初學者，比較不建議立刻嘗試空中瑜伽，會相對容易發生肌肉拉傷等運動傷害。

水中運動

　　游泳、水中走路伸展都算是水中運動，藉由浮力可以舒緩孕婦四肢水腫、降低關節壓力、緩解下背痠痛，是非常適合孕期從事的運動。不過，上下泳池請記得動作放慢，避免滑倒喔。

室內腳踏車、飛輪

　　這類型固定式的腳踏車器材相對在戶外騎腳踏車安全，也非常適合作為孕期的運動。

＼ Q A ／
醫師我有問題

❖ **我目前懷孕 20 週，高層次超音波顯示我有前置胎盤，但是沒有任何出血，請問我還可以運動嗎？**

可以。隨著週數增加，子宮下段漸漸拉長，胎盤有可能會往上移。主要觀察重點仍是有無出血，有出血的話，不管是否胎盤前置都要停止運動。胎盤不會因為妳蹲或是跑而變低喔。

❖ **懷雙胞胎可以運動嗎？**

有條件的可以。意指沒有收縮出血且孕婦本身可以負荷。不過建議超過 7 個月的雙胞胎孕婦應暫時停止運動，因胎兒體重大多已超越單胞胎了，但一樣可以維持正常作息，如無早產跡象也不需要臥床休息。

❖ **孕前沒做過肌力訓練（重量訓練），懷孕後能開始練嗎？**

從腹式呼吸、保持脊椎中立、調整姿勢、發力開始，即使孕前沒接觸過肌力訓練的女生，在懷孕後，有專業教練指導下，仍可以安全的學習深蹲、硬舉、肩推。不但能提升肌力，對於關節的穩定度、活動度也都有很大的幫助！

媽媽們，動起來！

　　「先研究不傷身體，再講究效果。」是以前常聽到的廣告台詞，孕婦運動也一樣，注意安全、降低風險永遠最重要。如果妳沒有前述不適合運動的情形，那麼注意下列原則，聆聽孕期的身體變化，動起來會更安心！

血壓和心跳

　　為了輸送養分給寶寶，懷孕時身體血液的量增加 40%，血管放鬆、血壓下降，心跳每分鐘平均快 10 下，所以懷孕的「心」好辛苦，一個不小心就容易頭暈眼花，心悸想吐，所以運動期間一定要感受一下自己的血壓和心跳。

呼吸

　　不論是靜態伸展、阻力訓練時都記得要保持呼吸。懷孕會讓妳每分鐘耗氧量增加，胸腔和橫隔膜又被長大的胎兒壓迫，呼吸變得費力且容易喘，所以更需要注意喔。不過，持續規律的運動不僅能提升心肺功能（最大攝氧量），強而有力的腹肌、肋間肌

也能輔助呼吸，減少孕婦過度換氣、氣喘吁吁的狀況。

體溫

　　懷孕時，增加的血量會使孕婦核心體溫增加 0.8 度，燥熱、易流汗是孕婦的日常。所以，選擇運動場所應考量通風涼爽，運動時特別注意水分的補充（口渴前就要喝）和防曬，運動的衣著也建議透氣、寬鬆。

重心和體重

　　由於隆起的腹部使得孕婦重心往前傾，加上體重默默的往上升，加總起在一起就容易造成下背痛、鼠蹊部痛、關節痛，或是易重心不穩跌倒，運動時要注意。

　　第二孕期開始，在完全背貼地平躺的姿勢下（如瑜伽的大休息），變大的子宮會影響下腔靜脈，造成腦部血液回流變差，因而產生頭暈眼花的症狀，因此不管是核心動作、伸展放鬆皆需避免長時間平躺的動作。

\ QA /
醫師我有問題

❖ **懷孕時腹部可以用力嗎？**

可以。可以。回答兩次不是因為這個問題很重要，而是因為這個問題背後隱藏兩個媽媽的擔心。一是，腹部用力會不會不小心把胎兒生出來！？二是，腹部用力會不會傷到胎兒？

關於第一個擔心，妳要知道，生產的啟動很神奇。基本上，擴張的子宮頸搭配子宮規律收縮，這兩個元素少不了。生產的確是需要利用很多腹部力量，但沒有以上的條件，單純腹部用力是不可能的。其實舉凡大小便、呼吸、維持站姿，我們的核心（腹部肌肉）都需要用力，強壯的腹部肌肉也能讓我們的生產過程較為順利。妳想想，單純腹部用力有時候連大便都上不出來了，當然是不可能將胎兒「不小心」生出來。我知道妳一定會說，可是聽說有人上廁所上到一半，小孩就生出來了，這是什麼狀況？那是因為子宮頸閉鎖不全，於妊娠 4 個月後，在無任何子宮收縮的狀況下，子宮頸就自發性變短擴張，像關不緊的束口袋一樣，羊水囊有可能會膨出、破水，進而引發早產。子宮頸閉鎖不全有很大一部分並無症狀，即使有也不明顯，通常是分泌物增加、出血，且第一胎通常很難提早發現。如果上一胎或這一胎已經診斷為子宮頸閉鎖不全，當然不建議運動。

回答第二個擔心前，我先反問，妳知道腹部最脆弱的器官是什麼嗎？子宮和肝臟哪個容易壓壞？因為根據創傷醫學的統計研究，人的腹部受到強烈撞擊時（通常是車禍）最容易發生挫傷破裂的器官是肝臟和脾臟，子宮本質是 Q 彈的肌肉又有脂肪和腸子

當作安全氣囊，是一個緩震高配備的器官。當然，我們在做腹部運動時絕不可能壓壞到肝臟，何況是子宮，那麼妳懂了嗎？子宮內有高規格保護的胎兒和胎盤當然是非常安全的喔！

血糖

江湖上曾流傳空腹運動對減肥效果好，但其實能否減肥燃脂成功還是和整天的熱量攝取較有關聯，而且在這本書中我們反覆提到「懷孕的時候不能減肥」，所以千萬別想著要瘦就空腹運動。因為新陳代謝的改變，肝醣轉換較差，孕婦絕對是最容易脫水和低血糖的族群，除了避免空腹運動外，運動時間最好選擇飯後半小時到 1 小時內，或是在運動前補充好消化的香蕉、低 GI 的地瓜或麥片。當感到頭暈、冒冷汗、注意力無法集中等低血糖症狀時，應即時補充升糖較快的點心，如果汁、糖果。

姿勢

常有孕婦問：懷孕前我都這樣站 2、30 年了？為什麼懷孕後卻這裡痛那裡痛？

答案是因為妳的負重增加了！懷孕這幾個月是大部分女性一生中胖最快的一段時間。短時間內的體重增加，使得原本不良習慣的影響被放大，因此出現到處痛的狀況！比如駝背、低頭、凹腰（骨盆前傾），這些因為懷孕負重增加加劇或重心改變產生的

不良姿勢，都可能會讓妳越動越痛、越站越痠。

　　小時候媽媽常說：站要有站相。長大要為人母了，我想說：姿勢對了，妳的分分秒秒都在訓練。尤其產前低頭族、產後餵奶族的妳，每天脖子緊肩頸痠，如果加上打字、工作、上網購物，很容易導致脖子前方的肌肉無力，肩膀上方的肌肉緊繃，產生「烏龜脖」。調整姿勢從頭開始，可將頭後側上抬，想像頭內有一個氣球，他是有彈性靈活地飄在妳的脖子上，肩頸後側的肌肉要放鬆，下巴微收，耳朵遠離肩膀不聳肩，妳的兩片三角骨像翅膀一樣往後夾，抬頭挺胸，呼吸也會跟著順暢起來。

　　在學校老師常說做人要腳踏實地。妳的腳底有確實踩到地嗎？人類是唯一膝蓋打直站立的動物，妳已經放棄這項優勢了嗎？三七步、翹二郎腿都會造成骨盆歪斜、恥骨痛、膝蓋痛的風險。

　　日常生活中，維持良好姿勢就是避免疼痛和運動傷害的第一步。

暖身、用核心、放鬆

　　運動前要適度的暖身，包含調整姿勢及啟動核心，再進入主運動。可藉由原地踏步、抬腿啟動深層核心，每次抬腿小腹微縮，不彎腰駝背，感受腹肌出力抬起重量。

　　運動中，某些動作若孕前不熟悉建議避免，比如跳躍、奧林匹亞舉重、體操較容易扭傷腳踝，分腿蹲（弓步）的腳開的角度因鬆弛素作用，容易比孕前大，操作時也要注意別拉傷肌肉。

運動後要記得伸展、放鬆，但避免過度的拉筋伸展，最後補充水分、小份點心如水煮蛋、香蕉、牛奶、豆漿等等。

大部分的孕婦都是可以安全從事運動的，只要別忘了事先了解本身身體狀況，必要時尋求專業協助，並且把「競技的心」放一邊，開心運動才最重要。

｜ 1 分鐘小教室 ｜

發生以下狀況，請立刻停止運動

1、子宮收縮且有疼痛感。

2、陰道出血。

3、陰道分泌物增加、疑似破水。

　　（有以上 3 種狀況請立即就醫）

4、頭暈眼花無力。

5、喘、呼吸太急促。

6、肌肉太痠太疲勞，以致於無法維持正確的運動姿勢。

別怕，妳可以動到生！

早產是所有媽媽心中的佛地魔，就是因為他來無影去無蹤，所以我們常常看到黑影就開槍，因此孕婦過去常被沒醫學根據的說法制約一舉一動，諸如家裡釘釘子怕驚動胎神、手不敢舉過頭曬衣服擔心動了胎氣、被人拍到肩膀怕會造成宮縮。其實研究顯示，早產的原因通常是子宮先天的病變、子宮頸曾接受手術、孕期有感染或曾有早產的懷孕史，以及媽媽本身藥物濫用、有菸癮或是壓力過大、憂鬱症也會增加風險。早產，跟上述是否裝潢搬家、是否手舉高，並無任何關聯性。

那運動呢？跑步時的晃動、瑜伽的伸展拉筋或是重訓時的揮汗如雨是否會增加早產的風險？

2008 年西班牙的科學家設計了一個隨機對照研究（Randomized controlled trials, RCT, 實證醫學可信度最高）。160 個單胞胎的產婦隨機被分配到對照組與運動組，運動組的媽媽從孕期 12 週開始到生產前，每週被安排 3 次的孕期體適能課程，每次 35 分鐘。課程內容包含較低重量的阻力訓練、核心訓練及前後有氧、熱身拉筋。研究結果顯示，運動組和對照組的生產週數、早產人數及新生兒阿帕嘉分數並無任何統計上之差異。目前

尚也未有研究指出孕期運動會增加早產的風險。

　　所以，千萬別擔心孕婦會因為運動早產啦！而且孕婦們絕對是可以一路動到生的！有人會憂心因為運動緣故會不會讓胎頭提早下降，這也是無根據的。胎頭下降入骨盆的時機只有胎兒自己可以決定，無法靠外力加速胎兒下降。一般來說第一胎會在 36 週左右發生，因為胎兒位置的改變使得上方的臟器有了「輕鬆感」，食慾、呼吸都順暢起來，相對來講也容易出現下墜感和頻尿。這個時期運動強度建議降低，運動前記得排空膀胱，並可藉由托腹帶輔助舒緩下墜感。

　　就算是所謂胎位比較低、比較沉的孕婦也還是可以運動，因為羊水好比游泳池，胎位很低很沉就好似魚游得比較深，只要閘門（子宮頸）關得緊，魚兒是不會溜走的（胎兒不會早產）！

　　再次強調，運動本身不會增加早產風險，但曾經早產過的孕婦則會增加達 7 倍的風險。換句話說，有早產病史的媽媽懷下一胎，就是早產的高風險族群，根據早產的週數、早產的原因，個案的孕期運動應該客製化，不是不行，而是要審慎評估、密集追蹤喔！

\ Q A /
醫師我有問題

❖ **運動會不會造成子宮收縮？**

會。但是聽仔細了，子宮收縮「不等於」早產。

只要是肌肉就會收縮。當懷孕超過 5 個月，子宮撐的夠大，就有可能開始會有自發性的假性宮縮，尤其孕婦或胎兒活動量大、媽媽缺水、工作疲勞或是性行為後，都有可能增加發生的頻率。和產兆不同的是，假性宮縮的強度不會越來越強，頻率也不規則，且改變姿勢就會消失，收縮的感覺也侷限在下半部。早產或產兆的宮縮會合併一定程度的疼痛，且強度頻率會越來越高，甚至出血。

雖然假性宮縮並不會使子宮頸變短，引發早產，但仍是一個很重要的生理指標。當妳運動完有宮縮狀況時，先檢視水分補充是否足夠和運動強度是否過高，休息後若症狀持續則需就醫，且若當天已經宮縮頻繁，就不適合再去運動了。

骨盆前傾、腰痠背痛、足弓塌陷，別再來！

　　對孕婦來說，運動真的是最天然的嗎啡，肌肉是最好的托腹帶。那該怎麼動？讓我們看下去。懷孕婦女的骨盆就像是一個水盆，胎兒一天一天的長大，就好像水越裝越多，為了釋放這個新的壓力，水盆的方向就會往前，彷彿要把多餘的水倒出來般，於是產了所謂的「骨盆前傾」。而骨盆前傾會發生什麼事呢？

　　第一，腰椎凹陷、下背痛，易走幾步路就覺得腰痠背痛。

　　第二，胸椎為了平衡凹陷的腰椎會有後凸的現象，再加上懷孕中二次發育的胸部重量，使得孕婦常胸悶胸痛、呼吸不順暢，頸椎還會代償向前（烏龜脖），再加上產前低頭滑手機，產後低頭餵奶，導致肩頸痠痛、頭暈頭痛。

　　第三，骨盆前傾向下，會造成膝蓋過度伸直，小腿內轉，加上懷孕時增加的重量，使得孕婦膝蓋痛，容易足弓塌陷、拇指外翻，原本的鞋子都穿不下，還有可能導致足底筋膜炎，一下床腳跟就好刺痛。

　　第四，骨盆前傾的不良姿勢記憶延續到產後，即使產婦產後體重已經回到孕前，容易看起來還是小腹凸凸。

孕婦骨盆前傾的 S 型曲線

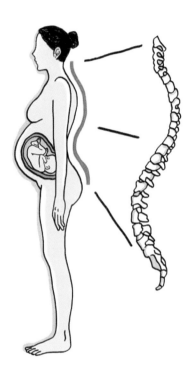

天啊，骨盆前傾造成的毛病真不少。其實，骨盆前傾除了是被孕期體重和不良姿勢影響以外，還和「下半身肌肉」的品質有很大的關係！

現代人久坐的生活習慣造成身體時常處於窩著的狀態，正面的肌肉（髂腰肌：抬大腿的肌肉）長時間緊繃，位於後側的臀大肌則長時間被過度拉長，像是一條過度拉長鬆掉的無力橡皮筋。正面、背面的肌肉失衡，使得我們的骨盆被往前拉，這就是所謂

的「下交叉症候群」。解鈴還須繫鈴人，要對症下藥改善孕期腰痠背痛，關鍵在於放鬆過度緊繃的肌肉，並加強虛弱的肌群，讓我們的肌肉有力也有彈性。

　　除了養成良好的站姿習慣，避免長時間坐著、多走動之外，還可以試試下面動作，做「下背舒緩肌力操」，動態伸展過於緊繃的髖屈肌，加強核心肌群力量，喚醒臀肌。

美人魚擺尾式

預備姿勢：側躺，一手置於耳下，另一手置於胸前支撐，讓身體
　　　　　保持穩定不晃動。下方腳略為向前彎，上方腳打直、
　　　　　自然垂放於地上。
　　動作：將上方的腿慢慢向上抬，小腿位置略高於肩，以順逆
　　　　　時針方向在空中各畫 3 圈。過程中保持上半身不晃動，
　　　　　身體不離開地面。
　　Tips：畫圈動作放慢，感受屁股微酸、鼠蹊部微緊，想像自
　　　　　己是美人魚擺動尾巴，腰不出力，自然呼吸。

弓步蹲伸展

預備姿勢：保持身體直立正中，核心出力不要骨盆前傾。

　　動作：單腳往前跨步，屁股直直往下坐，後腳膝蓋彎曲小腿
　　　　　平行地面。這個動作除了核心及臀肌出力以外，後腳
　　　　　的髖屈肌也同時伸展。

　　Tips：孕期因鬆弛素作用，關節活動度較大，為避免肌肉拉
　　　　　傷，跨步不宜過大，以能蹲下去為原則。骨盆痛的孕
　　　　　婦也避免操作這個動作喔。

　　至於若想改善時常駝背圓肩而造成的「虎背」、「肩頸痠痛」，
以及讓別人從背影一眼認出是生過孩子的「媽媽背」，則可以試
試接下來的上半身動作。

大球鬆肩式

預備姿勢：高跪姿，產球置於前方，雙手放在球兩側。

　　動作：屁股往後坐，手往前推球。視線放在地板上，不低頭、
　　　　　不抬頭，放鬆頸椎，維持幾秒後再回到原點，可重複
　　　　　數次。

　　Tips：此動作主要借助產球的彈性，放鬆僵硬的上背和肩膀，
　　　　　記得往前推的程度以舒適為原則。

雨傘鬆肩式

預備姿勢：開始前先將肩膀往外轉幾圈熱身，雙手下放不聳肩。

　　動作：將雨傘放在後腦勺的位置，頭輕輕往外頂，想像肩胛
　　　　　骨後夾，維持1到 3 分鐘。

　　Tips：保持手不麻、肩不過度痠痛。

　　若要預防孕期足底筋膜炎，請控制孕期體重平穩上升，並盡量選擇有足弓支撐的鞋墊或鞋子，避免穿高跟鞋； 適度的肌力訓練與放鬆也有幫助，下面 3 個動作可以試試看：

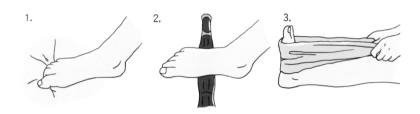

　　1、腳趾抓毛巾

　　腳踩著毛巾，腳跟不動，腳趾施力將毛巾抓向腳跟維持 10 秒，如此重複 10-15 下，共 3 組。

　　2、踩球放鬆

　　單腳踩在網球大小的球狀物體放鬆腳足底，單腳可維持半分鐘，兩腳輪流數次。

　　3、毛巾輔助腳底放鬆

　　坐姿伸直膝蓋，將毛巾套在腳尖上，將腳板拉向身體維持 10 秒，再慢慢將腳尖向前壓，重複 10-15 下，共 3 組。

1 分鐘小教室

▶ 足底筋膜炎

　　由於我們的腳底板是由許多小骨頭所組成，足底的筋膜好像一個堅韌強硬的捕魚網補住這些小骨頭，形成一個重力的支

撐，吸收我們走路跑步的反作用力，撐起我們的體重和足弓。每日負重工作足底筋膜都會有一些小損傷，再靠著血液循環修復達到動態平衡，一旦這個平衡被打破，足底筋膜纖維化，血液循環變差無法及時修補，就會產生發炎疼痛的情形。而我們的體重 60% 集中在腳跟，所以足底筋膜炎最好發的位置就是腳跟。

　　過度使用（長跑愛好者）、穿著不適合的鞋子、體重激增、先天足弓異常均容易打破這樣的平衡。而懷孕也是，因為體重增加幅度快，首當其衝就是腳底；再來就是因鬆弛素作用在骨盆以利生產，作用在腳底韌帶使得足弓塌陷，足底較為扁平，也就是所謂後天性扁平足，足過度內旋增加足底筋膜炎的發生率；而懷孕時的下肢水腫造成小腿肌肉緊繃，拉扯到肌腱及足底筋膜，也是足底筋膜炎發生的原因。

　　若正在發炎劇痛時，請休息，不久站、不負重，減少高衝擊性的運動，並且冰敷搭配孕婦適合的止痛藥。

足底筋膜炎疼痛位置

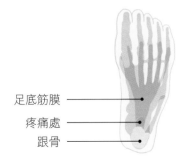

足底筋膜 ——

疼痛處 ——

跟骨 ——

骨盆和恥骨痛，可以這樣做

　　40 萬年前，人類開始學會「直立」，空下來的雙手使我們得以生火取暖、採集食物。直立帶給我們文明進步，一路從狩獵社會、農業社會到現在的工業社會，但是「直立」要付出的代價，女人總是多了一點，這要說到骨盆。

　　骨盆很重要，但絕對不是決定屁股的大小而已。骨盆保護子宮、膀胱、腸子。骨盆的角度和人類特有渾圓的臀肌和強壯的大腿讓我們得以雙腳打直站立，可以自在的奔跑、爬山、打獵，強壯的核心肌群讓我們站穩站好，不會東倒西歪。生產的時候，骨盆也是胎頭第一個得通過的「隧道」，因為這個特別的需求，骨盆的形狀也跟著男女大不同。骨盆是六塊對稱的骨頭加一塊骶骨（Sarcum）組合成，為了讓女性的骨盆圓一點、「好生」一點，女性的骶骨變得比較短也比較寬，也因為這個先天上的特性，女性視覺上髖部會比寬，這也讓女生骨盆痛、膝蓋痛、腳跟痛的機會大大提高。

　　即是有著男女的差異，人類直立起來的骨盆相對於四腳動物仍是相當狹窄，因此自古以來生產都是神聖又危險的事情。考古學家就曾發現 3700 年前難產而身亡的孕婦屍骸，腹內的胎兒呈現頭上腳下的臀位姿勢；還有過去總有挑媳婦要挑屁股大的說法，

也是為避免難產這個女人揮之不去的夢魘。不過，生命總會找出路，為了減少難產的發生，在演化上，人類懷孕的月份相對短，新生兒較為迷你，不像大象一胎2年，新生兒一出生就成熟到即能走路。只不過，人類胎兒對於母親的黏著依賴更為強烈，促使現代職場女性不時在育嬰假或是拼事業中拔河，這又是另一個代價了。

本來骨盆的作用是使我們直立，穩定軀幹、保護臟器。但現代人少走多坐、姿勢不良、大腿臀部肌力不足，加上懷孕時體重增加重心向前，核心「Hold不住」就會骨盆前傾，導致下背痛隨之而來。壓死駱駝的最後一根稻草則是，為了順應生產，讓胎頭順利通過，懷孕到產後半年身體會分泌一種激素（鬆弛素）讓「隧道」能大一點、鬆一點。所以，原來很穩固的骨盆骨頭關節處，因為鬆弛素的作用變得鬆動，上半身垮下來，各種狀況就開始了。

下背痛，彎腰撿東西最痛；屁股有一個點好痛，連躺著都痛；站久、坐久大腿根部好酸，爬樓梯腿一抬高就痛；恥骨長毛的地方瘦瘦痛痛，腳打越開越痛；躺在床上翻身就痛，半夜睡醒上廁所好痛；陰道裡面痛，根本走不動，跨出去一步都在痛，原來這些都是骨盆痛！

孕期體重增加太快、站姿不良、腹肌臀肌無力、骨盆有舊傷都會增加骨盆痛的機會。要治本，唯有時刻注意良好站姿，加強核心肌群，尤其骨盆底肌群及注意伸展放鬆。關於骨盆底肌群的訓練，我們下一篇再談，在此先提供以下方式，讓骨盆已經在痛的孕婦調整姿勢、練核心。

產球平衡式

　　產球 Q 彈的特性可協助放鬆緊繃的骨盆底肌群，舒緩疼痛，在產球上做動作時，為了平衡晃動的產球，核心也會自然啟動發力，是一個一舉兩得的運動。

預備姿勢：穩穩正正地坐在產球中央，不拱腰、不駝背，兩腳與
　　　　　屁股同寬，均勻分散體重。收小腹，同時想像肚臍找
　　　　　脊椎骨，不憋氣，尾椎骨、肩膀放輕鬆。

動作：同時抬起妳的右手左腳，停 3 到 5 秒，再換左手右腳。
　　　兩邊輪流 4 到 6 組。

Tips：注意力集中在肚子，一開始不好平衡可以在牆壁附近
　　　練習，避免不穩跌倒。

貓式

　　這個簡單的瑜伽姿勢可藉由矯正骨盆前傾，加強核心控制，改善骨盆疼痛。

預備姿勢：呈四足跪姿預備，雙手置於肩膀正下方，雙膝與髖同
　　　　　寬，脖子自然，眼睛看地面。

動作：吐氣時將背部拱起，肚臍自然找脊椎，頸部自然下垂，
　　　停留1到2秒。

Tips：膝蓋打開的寬度不大於骨盆寬，動作穩定放慢，感受
　　　用肚子的力量將身體拱起，不要用「甩」的。

\　Q A　/
醫師我有問題

❖ **恥骨痛時，什麼樣的運動要避免？**

搬重物深蹲，或是腳張開會比髖部寬的動作，如：弓步蹲，蛙式游泳，這類動作會增加恥骨痛感。

❖ **懷孕時骨盆痛、恥骨痛，用托腹帶、骨盆帶有效嗎？**

懷孕 5 個月開始，下墜感或是骨盆、恥骨疼痛若比較明顯，可以在活動時使用托腹帶減輕不適。

少部分的媽媽在產後恥骨仍有壓痛、腫脹感，甚至「痛到不能走路」，這時就要合理懷疑「恥骨聯合分離」這個診斷，若經 X 光確診，須盡量休息，減少跨大步走路、上樓梯。此時，骨盆帶可以協助固定、矯正，通常恥骨聯合分離在 1 個月內會自行癒合。

❖ **產後體重瘦下來，但是骨盆還是好寬、屁股還是好大，穿塑身衣有幫助嗎？**

懷孕時脂肪容易堆積在臀部，所以產後婦女時常有體重已經回到孕前了，但是褲子卻穿不回去的窘境。塑身衣或許能暫時壓縮妳的肉，但是褪下衣物後，留下的除了殘酷的事實，可能還會有過敏的紅疹以及受壓迫而不適的腸胃道。建議還是調整姿勢和運動最有效果！

焦慮婦：「醫生，請問懷孕可以運動嗎？」

淡定林：「懷孕不是生病當然可以運動！」

焦慮婦：「那～我可以做棒式嗎？」

淡定林：「妳要做蛤蟆式、烏龜式都可以喔！」

顧好骨盆底肌群，做凱格爾運動吧！

　　女人要為自己打底，妳的子宮睡得舒服嗎？永遠不要忘了，隱藏在最深處卻最重要的那一片──「骨盆底肌群」。

　　骨盆底肌群是女性「核心中的核心」。前方的支點為恥骨，後方是尾骨，骨盆底肌群像吊床一樣懸在軀幹最下方，Hold 住膀胱、子宮、直腸。它和其他核心肌肉形成一個體腔力量保護我們的脊椎。輕微的骨盆底肌群鬆弛，會產生下墜感；嚴重時會引起漏尿、子宮脫垂。

　　強而有力的吊床（骨盆底肌群），可以承受體內壓力變化，讓妳在跑跳時不會漏尿，提重物時不會子宮下垂，更能在生產時「推」胎兒一把，協同腹橫肌一起做工，以利分娩。而 Q 彈的骨盆底肌群也有助於和諧的性生活，減少疼痛不適，懷孕後期胎頭更易「卡」對位置，產後恢復更迅速。

　　但骨盆底肌群就好像橡皮筋，一旦撐太久，超負荷，就會變得鬆弛無力。一般人長期便秘、慢性咳嗽、搬重物沒有用對力氣，都有可能導致彈性疲乏。而女性懷孕時，隨著胎兒長大，腹壓增加，又容易便秘、胃食道逆流、咳嗽，就更會是骨盆底肌群鬆弛的高危險族群！

　　所以許多孕婦總會感覺一胎比一胎下墜感更重，走路走久感

覺有東西要衝出來，二寶還沒出生就常漏尿到像破羊水。產後跳繩、大笑更會緊張怕漏尿，但關鍵時刻卻又尿不出來，膀胱無力！這一切都是因為骨盆底肌肉無力。

骨盆底肌群示意圖

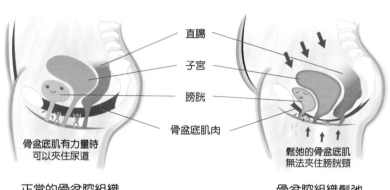

直腸

子宮

膀胱

骨盆底肌肉

骨盆底肌有力量時可以夾住尿道

鬆弛的骨盆底肌無法夾住膀胱頸

正常的骨盆腔組織　　　　　　**骨盆腔組織鬆弛**

　　那麼，骨盆底肌群訓練，也就是俗稱的「凱格爾運動」，該如何執行呢？和所有肌力訓練相同，訓練骨盆底肌群最重要的就是姿勢正確，才能讓主要訓練肌群有感！比如硬舉時，得明確的知道是臀部及大腿後側發力，而不是靠腰部以蠻力代償拖起重力。但凱格爾運動和其他肌力訓練的大不同在於，這是一項「隱形」的運動，很難能有教練可直接指導妳正確的姿勢，這塊肌肉又是如此的神秘特別，不會有一般訓練後的痠痛感，所以較難掌握到肌肉感受度。

　　首先，妳要找到它。最常被提到的方式就是「尿液中斷法」，

在解尿時，嘗試收縮骨盆底肌群，使尿液強迫中斷，再繼續解尿，收縮用力時妳可以將手掌放在肚子上提醒自己腹肌不要用力，盡量用一股深層的力量發力，當妳發現尿液已經可以收放自如時，那就是使用到對的肌肉。不過，不建議持續使用尿液中斷法訓練，因為這會增加尿道感染的風險，執行前也請將妳的膀胱排空。另一種方式則是「手指探測法」，以半躺的姿勢將手指伸入陰道中段，收縮並感受手指被夾緊的感覺。

　　當妳掌握到骨盆底肌群在哪裡後，就可以開始操練基本功。從「Hold 夾」5 秒、休息 10 秒開始，延長到 Hold 夾 10 秒休息 20 秒，每天可以分次或一次鍛鍊，累積鍛鍊共 5 分鐘。

　　熟悉凱格爾運動後，就即可進階到變化式。人體的肌肉分成快肌、慢肌，分別掌握爆發力和肌耐力，骨盆底肌群也不例外，進階訓練可用力「長夾」該肌群，搭配 2 秒收、4 秒放的快速收縮，快慢交替的訓練能更全面提升肌力。姿勢也可以多加變化，除了一開始躺著做，通勤時妳可站著做，看電視或餵奶時可以半坐臥著做，在辦公時也可以坐著做，或是在產球上執行。請記得，操作時隨時注意保持呼吸，屁股和大腿放輕鬆不要出力。

　　至於凱格爾運動有請教練？其實凱格爾運動也有教練！除了自己揣摩練習外，妳的伴侶就是教練本人，運用在日常性行為中，如果妳收縮骨盆底肌群，妳的伴侶應該會感受到性器官被「夾」住了，這時候就表示妳使用到正確的肌群。市面上其實也有凱格爾運動的輔助器，連接到 App 可以即時監控評估訓練成效，可以自行評估是否需要使用。

要能習武有成，神功護體，除了掌握技巧外，貴在耐心持久。統計上，骨盆底肌群的訓練需要 8 週效果才會顯著，大部分的狀況不是妳做錯了，也不是凱格爾運動沒有效，而是妳做得不夠久。凱格爾運動沒有禁忌，且不受場地限制，不被氣候影響。還沒懷孕時訓練，肌肉最有感，做起來最到位；懷孕時訓練，預防產後漏尿、改善下墜感，幫助生產更順利，且產後傷口不痛就可以馬上練；封肚後訓練，則能預防子宮脱垂，幸福妳的下半身（生）！

\　Q A　/
醫師我有問題

❖　**我都是剖腹產，為什麼產後還是漏尿？**

　　自然產的過程當然會對骨盆底肌群產生創傷，但是孕期累積的體重及腹內壓增加對骨盆底肌群的「慢性傷害」也是不容小覷，千萬不要忽略。

❖　**產前使用托腹帶，產後使用束腹帶是不是可以讓器官不下垂、骨盆底肌群不鬆弛無力？**

　　產前使用托腹帶可以減輕部分孕婦下背痛、骨盆痛和下墜感的不適；產後用束腹帶主要功效則為減少剖腹傷口的震動，減輕疼痛感。這兩者對於預防骨盆底肌群無力和子宮脫垂皆無效果。長時間使用束腹帶反而會造成腹內壓上升，影響腸胃蠕動而導致便秘，反而增加骨盆底肌群鬆弛的風險。所以，自然產的腹部沒有傷口，當然無需使用束腹帶，還是認真做凱格爾運動比較實在！

惱人的腹直肌分離

明明才 5 個月，為什麼這第二胎肚子大得特別快，總是被路人問「是不是快生了」？明明體重已經回到懷孕前，為什麼舊的牛仔褲還是擠不進去？這些都是腹直肌分離惹的禍。

以解剖學的角度來說明。腹直肌是我們腹部核心的門面，白色的筋膜將長條狀的肌肉做塊狀分割。當體脂肪越來越低時，兩側的馬甲線、位於中心的腹溝慢慢浮現，肚臍上的六塊肌甚至肚臍下的兩塊肌將粒粒分明。腹直肌的主要功能是使軀幹向前彎曲，所以「捲腹」就是訓練腹直肌的經典動作。

當懷孕腹壓變大，鬆弛素作祟，腹直肌的中線會漸漸被撐開，若產後半年這個距離仍超過 2 指，則稱為「腹直肌分離」。雖然大部分腹直肌分離的狀況不會有任何症狀，也不會影響到器官的功能，但視覺會使得產後媽媽的腰比較粗、小腹凸，無論如何節食、運動，肚子就是消不下去，而且分家的兩條腹直肌也較容易使不上力，因此導致核心無力，容易腰痠背痛。用兩個寫實卻殘酷的比喻，就像是真空包裝的冷凍雞肉打開後再封口，視覺上就再也回不去了；而衣服若借給大隻佬穿撐大，就失去了原本的彈性，看起來總是鬆鬆垮垮！

　　那麼，另一個常聽到的腹橫肌又是什麼？腹橫肌是腹部最深層的肌肉。從胸骨往下延伸到恥骨，它的筋膜像腰帶一樣環繞住我們的後腰，往下包覆住肚臍下的兩塊腹直肌。腹橫肌的主要功能是掌管我們的腹內壓，因此舉凡咳嗽、呼吸、大小便，甚至是在產台上生小孩用力，都少不了它的參與。腹橫肌也是我們天然的塑身衣、束腰、托腹帶，強而有力的腹橫肌能讓孕婦的肚子不易有下墜感，Q彈的腹橫肌也可以有效的「夾住」腹直肌，降低產後腹直肌分離的機率。

腹直肌與腹橫肌

腹
橫
肌

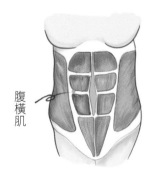

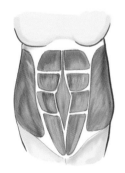

腹直肌正常　　　　　　　　腹直肌分離

　　產後半年，如果想自我檢測是否有腹直肌分離，可以利用以下步驟：

　　1、躺平腳屈膝，腳掌貼地。

　　2、抬起頭部和肩膀，收縮腹部，呈捲腹的姿勢

　　3、一手碰地，一手伸出兩個指頭。

4、用手指探測腹直肌的空隙，若超出兩個指幅則是腹直肌
　　分離。

　如果已經腹直肌分離了怎麼辦？再次強調，腹直肌分離主要
還是美觀的問題，並不會造成器官位移（基本上這個問題也不存
在），所以不用過度擔心。產後的運動對於治療腹直肌分離雖然
效果有限，但是規律持續的運動和健康飲食，仍可強化核心肌群、
增加筋膜組織的韌性、降低腹部脂肪，達到瘦小腹的目的。建議
以棒式、靜態支撐的核心運動（本書提到的動作皆可）取代捲腹、
仰臥起坐等單一訓練腹直肌的動作。若分離的距離大於 3 指幅，
或是妳很在意這個問題，則可以諮詢整形外科醫師採取外科手術
的方式處理。

　所以囉，腹直肌分離最好的治療就是預防，產前規律運動及
穩定的讓體重上升是不二法門，正確的運動甚至能降低 35% 腹直
肌分離發生的比例呢。

　但是，孕期不建議以捲腹和仰臥起坐鍛鍊腹部。為什麼呢？
首先要強調，絕對不是因為這樣的動作會壓到胎兒。胎兒有羊水、
子宮以及腹部脂肪的保護，除非強力外力撞擊，如：車禍、墜樓，
才有可能傷及胎盤及胎兒本身。不適合的原因其實就藏在上一段，
我們在自我診斷是否有腹直肌分離時，會採取症狀最明顯、最容
易被誘發的姿勢，那是就是「捲腹」！

　捲腹是一項單獨訓練腹直肌的運動，藉著彎曲上半背，增加
腹直肌的縱向張力和耐力，但增加張力的同時也會增加左右分開
的力量，因此加重腹直肌分離的程度。再加上產後因為核心無力、

骨盆前傾，捲腹時肚子比較難出力，又會過度拱腰，易造成腰痠、脖子痠但肚子不痠的狀況，不標準的動作反而增加下背及頸椎的壓力，鍛鍊也無效。

因此，鍛鍊更深層且大片的腹橫肌是較為有效的方式，日常的呼吸就是最簡單、最方便的訓練。「腹式呼吸」在過去被認為是可以提高副交感神經、降低焦慮感的紓壓呼吸法，除此之外它也是很好的腹橫肌訓練。腹式呼吸怎麼練？跟著下面步驟吧！

1、 站姿或坐姿皆可，上半身挺直，不彎腰駝背，衣著寬鬆不壓迫肚子。

2、 鼻吸嘴吐或鼻吸鼻吐，吸氣時肚子鼓起來，吐氣時肚子凹下去，不憋氣。

3、 可將雙手放在小腹上，想像自己是一顆伸縮自如的氣球，增加感受度。

掌握到啟動腹橫肌的訣竅後，妳就會發現核心肌群不僅是六塊肌的門面。舉凡棒式、貓式、深蹲、弓步蹲甚至單純快走，皆可以訓練到妳的腹橫肌，進而降低腹直肌分離、小腹回不去的困擾。有效的腹橫肌訓練，讓妳的肚皮不再是關不緊的真空包裝，也不是容易被撐鬆的衣服，而是變身成緊密的保鮮膜，服服貼貼又不會失去彈性！

焦慮婦：「醫生，我懷孕渾身不舒服，肚子又好大，白天都懶懶的一直想睡，晚上卻睡不著，然後還胃食道逆流又便祕，怎麼辦？」

神解林：「這麼嚴重？這些症狀是可以靠藥物解決，但主要是白天還是要多走走、多運動比較好喔。」

焦慮婦：「可是完全提不起勁呀！」

神解林：「去逛街也是走動！買小孩的東西或是買個包犒賞自己就有勁了！」

焦慮婦的先生：「醫生，我看你還是開個藥給她就好，不然換我睡不著！」（大驚）

給親愛的孕婦跑者

跑步風氣在台灣很盛行，常遇到有孕婦憂心地問：我懷孕了，還能繼續跑嗎？先回答，當然可以。羊水是胎兒最好的防護，跑步造成的晃動並不會導致胎兒頭暈，也不可能腦震盪。而且若中後期狀況穩定，沒有前置胎盤，沒有早期宮縮出血，維持跑步習慣直至生產都是安全的。

至於未滿 3 個月可以跑步嗎？是否會增加流產的風險？這個答案則是，有條件限制下，可以。如果妳沒有出血，胚胎著床位置正常，沒有嚴重的孕吐，更重要的是有友善的支持力量、信念，在醫學角度上是沒問題的。

以下列出，孕婦跑者持續熱愛的運動時，最想知道或該注意的事，希望每位媽媽都能跑得安全又開心。

調整飲食

江湖中有一個傳說，跑者就是吃不胖！但是懷孕後可就大不同了，隨著跑量驟降、懷孕時又特別容易餓，很多跑者都會和我抱怨怎麼胖那麼快！？但這時候千萬不能限制熱量，因為懷孕和跑步皆需要很多營養素去維持身體機能，所以這時候妳的「飲食

品質」就很重要，請記住以下原則。

- 蛋白質的比例要調高，麵包、蛋糕、餅乾等高 GI 碳水要避免。
- 鐵、維他命 D、鈣片這些都是孕期及跑者最容易缺乏又最需要的營養素，要飲食多元，不足的地方再靠營養品補充。
- 運動前中後，水分的少量多次補充不能忘。

裝備更換

懷孕從頭到腳都會「長大」！乳腺的發育從懷孕初期就會開始刺痛腫脹，到了後期也會有乳汁的分泌，應更換較大尺寸的運動內衣減少摩擦破皮的可能性。孕期 4 個月後開始，也許妳還會發現跑鞋變緊了，妳的腳平均會大半號到一號，避免壓傷產生黑指甲，需要適時地更換新的跑鞋。5 個月後，肚子漸漸隆起，妳可能需要較為彈性貼身的褲子或是選購大一尺寸的壓縮褲，甚至利用托腹帶減少跑步晃動造成的不適感。

慎選跑步場所

由於孕期鬆弛素的上升，容易使關節不穩定，子宮長大又壓迫下半身血流，使得孕婦容易頭暈眼花。為了變免扭傷、頭暈或低血糖，孕期跑步建議選擇平坦方便的操場或室內跑步機。避免不平穩的紅土地和草地。若到人煙稀少的河濱公園練跑，有人陪跑較適合。

交叉訓練避免運動傷害

不可諱言的，路跑相對其他有氧運動，對身體的衝擊性較高，孕期因為上升的鬆弛素造成關節韌帶不穩定，容易扭傷之外，孕期體重的上升，姿勢的改變重心前傾，會使跑姿改變，這樣的改變可能造成疼痛，特別是恥骨鼠蹊部的位置，肌肉代償也會增加多種受傷的可能性。此外，孕期足弓相對塌陷、內旋，足底筋膜炎發生的機率因此提高。加上女性跑者本來就因為骨盆角度較大，發生跑者膝的比例較男性高，懷孕時骨盆角度排列為順應生產而改變，跑者膝發生的比例又大幅提高了。

所以呢？建議孕婦跑者應利用交叉訓練，讓跑步安全有效率，同時可以預防運動傷害。比如，低衝擊的有氧運動能轉換心情，維持心肺功能，如游泳、水中跑步機、室內腳踏車、飛輪課；肌力訓練重點則可以放在核心和臀部，減輕下背和膝蓋的負擔；也可利用孕婦瑜伽，練習腹式呼吸及伸展放鬆。

┤ 1 分鐘小教室 ├

▶ 跑者膝（Runner's Knee）

　　因為運動（跑步、騎飛輪、爬山）造成的膝蓋問題的總稱。最常見的為髕骨移位滑動的髕骨疼痛症候群，及髂脛束發炎。造成的主因為核心和臀部肌力不足，肌肉張力不均衡過於緊繃。

跑課表或參加賽事，量力而為

　　初期懷孕的靜止心率會上升，一樣的配速，體感一定比較辛苦，心率和配速都回不去孕前。建議每公里的配速調降 30 秒到 1 分鐘。維持稍微有點喘但還能說話的程度，也就是所謂輕鬆跑，而跑步訓練裡的間歇跑、定速跑、漸速跑則不建議孕婦執行。

　　另外，雖然《Runner's world》有許多孕婦跑者參加全馬賽事獲得不錯成績的報導，但仍保守的建議孕婦們避免參加半馬以上的賽事，雖然醫學上沒有證據顯示過度的耐力運動會影響胎兒，但是孕期跑全馬受傷或恢復力差等風險一定是較高的，考量到長遠的運動生命，以及台灣不穩定的氣候，選擇半馬以下的賽事，避免過熱或風大雨大的情況出賽，放下拼成績的執念，站站補給，歡樂的參加賽事是可以的。

　　孕期想持續跑步，注意以上準則就對了。至於產後呢？大原則是，產後傷口復原良好，沒有疼痛感，惡露已轉成咖啡色少量就可以開始重回跑道。一般來說，自然產需要 2 週，剖腹產則是滿月。產後回歸跑步，請比照傷後復出的原則，一開始可以跑跑走走，慢慢增量，隨時打量自身狀況，不躁進。如果有在哺乳，需要更加注意水分、營養的補給，建議跑前先排空膀胱及乳房。若產後若仍有漏尿的情形，則先用快走取代跑步，改以墊上核心訓練骨盆底肌群。另外，產後 3 個月內一樣不建議追速度、跑課表，產後第一場認真的賽事建議安排在半年後。別急，因為產後妳還有可能跑得更好呢。

　　新手媽媽破個人最佳成績、菁英選手產後復出又大幅突破自我這些勵志又感動的故事，時不時會在社群網站或是新聞媒體上出現，背後其實有一個科學又浪漫的原因。

　　最大攝氧量是心肺耐力的最佳指標，白話來講，就是心肺將氧氣運送到肌肉組織的能力，通常越高的人體能越好。最大攝氧量會受身高、體重、性別所影響，通過規律的訓練，人人皆可提高自身的最大攝氧量。舉個例子來講，透過規律練跑，原本你 30 分鐘只能跑走 4 公里，半年後可能可以用 5 分速完成 6 公里。當然，每個人的最大攝氧量都有「天花板」，只是大部分的素人運動愛好者，終其一生都無法練到自己的天花板。

　　那為什麼有些人產後可以突破這個天花板呢？因為胎兒的氧氣 100% 需要靠母體，所以懷孕本身是就一個很「耗氧」的行為。身體如此的奧妙，為了順應胎兒的需求，懷孕的時候即使不做任何的訓練，妳的最大攝氧量也會提高，假設懷孕時持續維持低強度的運動，最大攝氧量上升的幅度和效率也會比沒有懷孕的時候來的高。換句話說，在懷孕時只要維持一定的體能，產後的下一個週期，妳就能有更強健的心肺功能為基礎，當然運動的表現也有很大的機會比孕前好。

　　對 99% 的媽媽而言，運動成績其實都不該是首要考量。但藉著孕期的規律運動，能事半功倍的獲得更好的體能，產後可以更優雅從容的面對一個亟需體力照顧的新生命，妳看，妳的寶貝原來不只使妳變得容易想吐、長胖、腰痠背痛，還能助妳一臂之力，讓妳動得更有效率呢！浪漫又科學不是嗎？

總歸一句，沒有任何證據顯示懷孕不能跑步，也越來越多的醫學會強烈建議孕婦要規律運動。而且，以另外一個角度思考，僅因為妳懷孕了，就要放棄本來妳想做的事、想完成的夢想是不是有一點點不公平？所以孕婦跑者們，別擔心，在大多數正常的狀況下，妳絕對是可以繼續跑步的。

> ┃ 1分鐘小教室 ┃

▶ 最大攝氧量

　　每一個人 1 分鐘所能攝取消耗的氧氣量有一定的限度。從事最激烈運動時，每分鐘所能攝取消耗的氧氣的最高值，稱為最大攝氧量。

給親愛的重訓媽媽

　　孕婦可以重訓嗎？重訓看起來好危險喔！深蹲會不會造成流產啊？斬釘截鐵地先回答這 3 個問題。孕婦可以重訓，重訓一點都不危險，不管是深蹲、硬舉都不會造成流產。

　　大型研究發現，健美選手訓練 1000 個小時大概會有 1 次受傷的風險，換算起來也就是練 4 年可能會受傷 1 次，比起球類、跑步等運動來的低很多，關鍵在於有系統有經驗不躁進的訓練安排。

　　有人會問，為什麼懷孕了還是要持續訓練？生產完再繼續不好嗎？其實詢問大部分有在「練」的媽媽，她們會很直白地告訴你。因為不練渾身不對勁，不練會憂鬱，練完總是自我感覺良好，覺得自己是神力女超人。

　　以科學的角度去分析她們浪漫的說法，是因為重量訓練本身會刺激分泌腦內啡，讓人心情愉悅，壓力不再來。訓練後生長激素上升，也有助於全身組織的生長、能改善體能、使皮膚光澤、提高免疫力。尤其 30 歲之後是肌力開始快速流失的時期，但女人轉換成母親這個角色時卻大大需要肌力的加持。想像一下，新手媽媽到資深老母的一天，通常是被哄抱嬰兒、買菜煮副食品、跟著走路的孩子追趕跑跳這些事情填滿。這時候，新生兒就是藥

球，啞鈴是奶瓶，嬰兒車是雪橇，深蹲架變身嬰兒揹帶。每一次一手尿布、一手菜籃上街都是農夫走路，每一回大寶的瘋狂爆走都是爆發力訓練。妳的孩子有時候不是妳的孩子，而是妳最嚴苛的體能教練。

　　所以啦，如果妳孕前已有重量訓練的習慣，懷孕後請保持！但可以特別注意以下原則。

維持而非突破

　　懷孕時持續重量訓練的習慣並不是為了增肌，當然也很難減脂，畢竟孕期身體最重要的工作是養妳的「胎兒」。所以繼續訓練的主要目的是在維持妳的肌力，減輕腰痠背痛的狀況，讓妳更容易銜接產後的訓練。不過，當初期當胚胎著床還不穩定，有陰道出血、嚴重孕吐、精神不濟時，請先休息。

減輕重量

　　懷孕時不需要挑戰最大肌力（1RM），也不適合肌肥大的課表。請調整重量為 60% 1RM 的重量，一組 12-15 下，3 到 5 組，可以少不要多。此外，課表的安排應避免單一肌群力竭，練習時不要閉氣用力，以免產生努責現象。第三孕期應考量到媽媽本身體重增加，重心往前移等身體改變，再減輕重量或是改變訓練方式。

　　舉例來說：阿烏懷孕前深蹲最重可以蹲到 60 公斤，懷孕初期狀況穩定。訓練時視當天體能狀況，以空槓開始熱身，最重蹲

重 30Kg，12 下，全程不要閉氣用力，蹲下去時慢慢吸氣，站起來時慢慢吐氣。到了懷孕 28 週考量重心改變，自身體重增加，改採徒手深蹲或箱上深蹲，避免運動傷害的風險。

┤ 1分鐘小教室 ├

▶ RM

　　RM 為 Repetition of Maximum 的簡稱，指最多能夠反覆幾下的重量，例如 3 RM 的重量大於等於 5 RM。1RM 則為僅能舉起一次的重量，用來表示個一個人的最大肌力。

▶ 努責現象

　　重量訓練時，如果閉氣用力，由於胸腔內壓增高，血壓突然上升，靜脈回流減少，心臟輸出不足，可能引起暈眩、昏厥、休克等循環不適症。

休息恢復永遠比訓練重要

　　孕婦重量訓練時，組間休息需滿 2 分鐘。不建議空腹訓練，訓練後如果1小時內不會食用正餐，應額外補充蛋白質，如水煮蛋、乳清蛋白、豆漿。

避免嘗試不熟悉的動作

懷孕時因為鬆弛素的分泌使得關節活動度偏大，弓步蹲時須注意步幅過大肌肉拉傷，除此之外，應避免彈跳的動作，減少腳踝扭傷的風險，也暫時別嘗試不熟悉的動作。

林醫師：「重太多了啦！要多運動！」

憂慮婦：「啊？懷孕可以運動喔？」

林醫師：「當然可以呀！走路、游泳、孕婦瑜伽、騎腳踏車、踩飛輪，什麼都可以！但有一種不行！」

憂慮婦：「哪一種？」

林醫師：「空想！」

憂慮婦：「……」

要「孕瘦」，不如先「孕動」

懷孕，到底能不能運動？回答這問題之前，我先講個小故事。

2017 年，美國女子網球球后小威廉絲（Serena Williams）贏得澳洲網球公開賽女子單打冠軍。幾個月後，她宣布懷孕 20 週，全世界球迷才發現，原來小威廉絲奪冠當時已經懷孕 8 週！

這可是有憑有據的新聞喔，我想，小威廉絲的經歷已經做出了最好的回答：懷孕，當然能運動，甚至能負荷的強度遠超過大眾想像。

有些人認為運動會導致孕期出血，但其實孕期出血的原因有很多，包括早期著床性出血、黃體素不夠，或者是胚胎有問題等等，不需要跟運動直接劃上等號。

此外，也有人認為運動會導致流產，老實說流產的原因也有很多，必須由專業醫師判斷。但我可以確定，運動導致流產的機率微乎其微，例如說，如果造成流產的原因是染色體異常，那不管有沒有運動，基本上就是會流產。

好，我猜這時林口張太太又想 call in 問：「那運動會不會導致早產？」當然不會，運動可能讓妳「好生」而不會「早生」，寶寶提早出生純粹是時間到了，跟運動一點關係都沒有（大家請

仔細看看前面的文章）。

　　就像我一直強調的，懷孕不是生病，只是個變胖的過程，每個孕婦都應該有運動習慣。只有子宮頸閉鎖不全的孕婦真的需要長期臥床，但這比例超低，只有 200 到 300 分之 1，所以別動不動就要癱在床上，美其名是安胎，實際上只是耍廢。

無法少吃，那至少多動吧！

　　懷孕很容易改變一個人，除了變得愛吃，也容易愛睏。這是因為孕期的血液循環多分布到子宮，或是為了消化食物而分配到腸胃道，腦部血液量相對變少，讓孕婦老是感到昏昏欲睡。

　　但妳以為多休息就能恢復精神嗎？錯！人只有在勞累時才需要休息，比如工時很長、從事高強度的體力活。

　　而運動則是改善腦部血液循環的唯一解，讓妳不會一吃飽就想睡，反而能使得精神更好。另一方面，由於運動能提升血液循環速度，流到胎盤的氧氣跟養分也會隨之增加，對寶寶來說也有相當益處喔！

　　就生理上來說，運動對孕婦的好處實在說不完，包括減少高血壓、妊娠糖尿等併發症；騎腳踏車、游泳這類下半身的運動，有助於改善雙腿水腫狀況；由於懷孕都要挺著大肚子，如果背肌夠有力，就不會一天到晚腰痠背痛；持續鍛鍊骨盆底肌，產後也比較不容易鬆弛，減少漏尿的狀況發生。

　　好啦，我知道講了這麼多，前面的文章妳也看了，肯定還是懶洋洋的不想動，那我根據自身經驗講個實在一點的理由。妳們

知道嗎？從我變胖的經驗，我領悟到一件事：人家說減肥是「吃佔七分、運動佔三分」，鼓勵運動不是為了消耗多少熱量，更關鍵的重點是「運動時妳沒時間吃東西」！我就是太多時間可以吃東西了啊！

乍聽很像廢話？但妳想想，假如妳每天躺在沙發上休息，零食隨手一抓就往嘴裡塞，配著電視不知不覺就幹光一包洋芋片。可是如果妳去公園散步，流了汗會喝下大量的水，就不容易感覺到餓，而且運動沒時間亂吃零食，自然而然就能減少攝取很多不必要的熱量。

前面章節有提到，懷孕的確會很容易餓，如果妳真的無法少吃一點，那妳更需要多動一點，才能避免體重增加太多。

量力而為，適度運動讓妳開心度過孕期

近年我在診間看到越來越多孕婦保持運動習慣，跑馬拉松、重訓、舉槓鈴、瑜伽皆有，而且大家都很健康；社會風氣對於孕婦運動這件事的接受度逐漸提升，包括很多體適能中心請產科醫師去上課，針對孕婦族群進行深入了解，坊間也有不少提供孕婦參加的運動課程，這些都證明了孕婦絕對能夠運動，只是重點在於量力而為。

量力而為的意思是，如果孕前有運動習慣，孕期可以繼續保持；如果孕前完全不運動，孕期想為了寶寶健康開始運動，可以先從強度低的開始，別一開始就要挑戰極限。

而且，我在診間觀察也到一個現象：孕期維持孕前運動習慣

的媽媽，通常會過得比較開心，因為她的生活沒有太大的改變；反觀懷孕後連走路都慢動作小心翼翼、刻意減少活動量的媽媽，反而會胖太多，還容易無精打采。

再說啦，整天宅在家，十之八九會不斷搜尋網路文章，越看越鬱卒。哪怕只是在附近公園走走散步，都比用 Google 嚇自己來得好。

產後要瘦，就別在孕期養成惰性啊！（像我）

有件事情，我覺得很奇妙，我在診間常發現孕婦的體重逐漸增加，但先生卻瘦了。可是在懷孕這期間，先生明明超常扮演「廚餘桶」的角色，接收孕婦吃兩口就不吃的食物，為什麼還會變瘦呢？

很簡單，關鍵在於「自覺」。

因為先生沒有懷孕，所以當他稍微變胖，就會意識到該控制體重。這讓我覺得「懷孕」就像一個保護傘，讓很多孕婦變得能躺絕不坐、能坐絕不站，反正旁人絕不會對此有意見。久而久之，惰性就越來越重，增加的肥肉也越來越多。

許多孕婦會說，生完再來認真運動瘦身就好啦！但大家都知道，惰性這玩意兒一旦養成了就很難消滅，妳已經耍廢軟爛了將近 10 個月，真的有辦法生完就綁起頭帶發奮瘦他個 10 公斤嗎？

相反的，如果在孕期間保持運動習慣，生產後要繼續運動，難度絕對比孕期徹底荒廢來得容易許多。

孕期不宜「過太爽」？！

當我宣導懷孕不必多休息時，肯定有人想吐槽：「生完就沒時間睡，當然要把握產前時光！」

謹記一句話：「出來混，總是要還的。」正因為生產後爆炸累，所以孕期更不該多休息，要早點習慣！

各位太太，不是我無良，這是我看診無數的苦口婆心。多數孕婦對於生產後的生活會抱持過高期待，但照顧新生兒的疲憊，絕對超乎妳的想像。

產前過得像皇太后，產後怎麼樣都睡不夠；產前被捧上天，產後落入凡間，巨大的落差，往往是形成產後憂鬱的因素。最好的方法就是做好心理準備、減少產前產後作息的落差。

假如妳不是那種適應力超強、可以迅速轉換不同角色的人，那我奉勸妳，孕期真的不要「過太爽」。最好一切作息照舊，繼續工作上班、繼續運動。一方面是為了保有自己的生活，另一方面則是藉由運動儲備體力，好面臨「慘後」人生。

當妳具備了這些觀念，妳就會意識到，懷孕的是妳、分擔照護新生兒責任的也是妳，妳絕對有義務將自己照顧好，而不是老是被其他人的想法左右。

我常常覺得，大家對於孕婦的想像實在太狹隘了，好像孕婦就該胖胖的、無精打采穿著寬鬆洋裝；只要肚子大了就該待在家休息，別在外面趴趴走。而瘦瘦的、很精實的或做運動的孕婦常被說「妳太瘦了！這樣小孩長不大」。說穿了，孕婦看似尊貴，

實則備受歧視，必須承受很多美其名為關心的壓力。所以，我希望妳對於懷孕這件事情，不要有太多的限制，因為唯有妳內建正確觀念，才能對別人的嘴上是非一笑置之，不影響自己的情緒。

「孕婦應該多吃、多休息」這些觀念，我始終認為需要被顛覆、更新，這需要大家的努力。就像我一直希望，不是只有妳來看這本書，妳的隊友、家人更應該看，這個社會才能讓女性開心輕鬆度過孕期，用自己想要的方式開始她的人生新階段。

PART 3

產後瘦身篇

產後，當妳的寶寶來到這個世界，妳的身體又經歷一次奇妙的轉換，從懷孕到生產，這個歷程帶給妳的身心變化如此大，所以，別急別急，給自己多一點點時間和空間，產後的妳絕對可以瘦得自然又快樂，而寶寶也能健康地長大。

產後肚子還是好大？先別急！

　　恭喜妳！平安通過終點線，抱在手裡的寶寶就是最珍貴的獎牌；也恭喜妳，從「房屋租賃業」轉行為「畜牧業」。當然，這是一句玩笑話，但產後等於慘後卻是如此真實，傷口的疼痛、摸索照顧新生命的未知、睡不飽的黑眼圈、追奶發奶石頭奶……，還有最讓人感到挫折的，是當妳低頭看看自己的肚子，不免想自問：到底生完沒？為什麼產後肚子還是這麼大？還是我是懷雙胞胎，醫師忘了幫我拿出來？

　　究竟這是命運無情的捉弄，還是可惡的脂肪在作祟？先別急，請聽聽讓我們由裡到外的分析。

子宮

　　產後第一時間子宮會變回懷孕約 5 個月的大小，再以每天 1 指幅的速度慢慢縮小。產後的第 10 天回到骨盆腔；直到產後 6 週，子宮的重量就會從懷孕時的 500 克回到孕前的 50-60g。這是一個自然而然的過程，所以產後還時常感到腹部悶痛、拉扯，這就是因為子宮在收縮回到原來的位置。

姿勢

　　雖然生完了，但是孕期的「姿勢記憶」還在！常常忘了自己生完了嗎？會不自主的雙手叉腰、拱腰嗎？骨盆前傾的不良姿勢會使妳小腹微凸，也會增加腹直肌分離的風險喔！

大腸小腸湊熱鬧

　　待產時的聲嘶力竭，以及開刀、麻醉、臥床休息和束腹帶的使用，造成產後脹氣往往變得嚴重起來，肚子當然看起來很大。盡早下床多活動，早點進食促進腸胃蠕動外，也可縮短束腹帶使用時間，原則上不痛就不用束，傷口要對準束腹帶中央，避免束腹帶邊緣摩擦傷口。

肌肉筋膜

　　不像胸腔有肋骨保護，腹部的保護支撐除了腰椎就是靠 Q 彈的肌肉，深處是大片的腹橫肌，兩側有腹斜肌，最外面是我們腹直肌。所以說宰相肚裡能撐船，懷孕的肚子就像吹了氣的氣球般的膨脹，每個人的彈性係數不同，恢復時間不同，一般來說大約需要半年的時間才能恢復。

皮下脂肪

　　為了給胎兒更好的保護和溫暖，在孕期母體會儲備足夠的能量、熱量，懷孕中上升的雌激素也會促使脂肪組織快速累積在肚皮和大腿。羅馬不是一天造成的，消脂之路要給自己多一點耐心。

水腫

　　生產後，資源重新分配。孕期子宮血流量佔全身的 4 分之1，生產後會四散到身體各處，所以四肢、臉部、肚皮都有可能比生產前更腫！這時候最忌諱的是因為水腫而不敢喝水。

　　懷孕和產後的水腫主因是身體含過高的鈉離子，導致水分滯留在組織間隙，這時候反而應該喝大量的水分幫助排「鈉」。（請注意，如果是心臟衰竭或是腎臟疾病的患者，因為是器官的病變則需要限制水分的攝取。）

　　說了這麼多，就是要告訴妳，因為身體經歷了懷孕和生產這麼大的變化，必須給產後的自己一些時間。而想要產後瘦身，讓產後肚子速速平，說穿了只有 3 個秘訣：餵母奶、均衡健康飲食，以及產後運動計畫，讓我們繼續說下去。

╲　Q A　╱
醫師我有問題

❖ **有人說坐月子喝水會胖真的嗎？米酒水、月子水可以取代水嗎？**

　　古時候常聽到一個說法，坐月子的時候不能喝水，因為產後鬆散的脂肪細胞會被較大的水分子撐大，月中喝水會讓產後小腹消不下去，一定要喝小分子的米酒水、月子水取代。

　　其實這是沒有醫學根據缺乏邏輯的論述。青春期開始，我們身體的脂肪細胞數目就已經大致固定，如果我們攝取的熱量超過於我們所需，脂肪細胞就會自我膨脹，變身「比較胖的脂肪細胞」。傳統的抽脂手術就是移除局部的脂肪細胞，但倘若後續飲食熱量仍超標，剩餘的脂肪細胞就會伺機而入，擴大自身的勢力範圍，因而產生復胖的情形。

　　言歸正傳，能夠撐大脂肪細胞的永遠是脂肪本身。再以化學元素的角度來看，水就是水，兩個氫離子加一個氧構成水，並沒有大小分子的差別。酒精在食用後約 30 分鐘會進入乳汁，代謝則需要 2 小時。雖然公賣局販售的米酒水酒精濃度僅有 0.51%，但即使是烹飪也無法將米酒水的酒精蒸發，若將米酒水取代水飲用，或是餐餐以米酒水烹調，等於是將胎兒長期暴露在微醺的母乳中，絕對會有負面影響。而市售的月子水並沒有特殊的營養素，仔細看成份含量最高的就是會讓妳發胖的「糖」。所以，水就是水，無可替代，產後大量流汗、哺餵母乳都需要補充水分，所以產後請記得多喝水沒事，沒事多喝水！

❖ 有沒有什麼瘦身操能夠快速瘦肚子？

　　產後瘦小腹，妳其實不需執著於腹部的運動，和健康飲食一樣，運動應該多元化，均衡發展，選擇所愛，愛妳所選，持之以恆最重要，沒有單一的某項動作是萬靈丹！

巨嬰婦：「醫生，我想約催生！」

林醫師：「好呀，啊妳不是想投票，那 1/8 晚上來催生，1/9 剛好幫妳接生，1/11 就可以出院投票了。」

巨嬰婦：「啊這樣我生完了投票不就還要排隊？」

林醫師：「不要想太多，生完肚子還是一樣大唷！應該還是可以不用排隊。」

巨嬰婦：「……」

產後瘦身、哺乳，飲食概念很重要

　　當妳的寶貝來到這個世界，妳的身體又經歷一次奇妙的轉換。胎盤娩出後，胰島素的功能和分泌量漸漸恢復正常；肚皮的壓力被釋放，妳的胃不會再被頂來頂去，食慾、味覺慢慢回歸到孕前；妳的身體歷經了生產的千辛萬苦就好像通過了馬拉松的終點線，發炎的肌肉需要修復，流過的血與汗需要補回來；而妳的身份也從房東變成奶水供應商，懷裡著的寶貝則是產後最厲害的「強力吸脂器」。

　　但急著想要回歸產前身材的妳，一定對「蛤！妳肚子怎麼還這麼大，不是生完了嗎？」和「坐月子不要急著減肥，妳就是吃太少，母奶才會不夠」兩派人馬的質疑和言語霸凌不陌生，過度的關心，通常成為壓垮產婦的最後一根稻草。

　　產後瘦身跟把新生兒照顧好，難道是二擇一的選擇題？當然不是！產後的妳，絕對可以瘦得自然又快樂，而寶寶也能健康地長大。

　　那麼，產後坐月子與哺乳期間究竟應該怎麼吃，才能一兼二顧？其實大原則和懷孕時是一樣的（請參考本書 PART 1 的飲食篇章），多喝水、吃原型食物、補充優質蛋白質、少吃精緻澱粉、

多吃蔬菜！

　　如果妳是哺餵母乳的媽媽，可能會發覺自己特別容易餓，這是因為餵母乳平均一天會多消耗掉 500 卡的熱量，相當於慢跑 1 小時以上，很容易餓是正常的！而且這個階段和懷孕時不一樣，好像怎麼吃都不會胖，根本是產後瘦身最強外掛。但可別因此毫無節制的大吃大喝，好好利用這個黃金時期吧，養成良好的飲食習慣相當重要，當妳學會吃聰明的食物，學會選擇營養價值（高 N/C 值）的食物，才不會在停餵母乳時，熱量消耗一減少就復胖了。

　　哺乳期當然可以瘦身，原則是均衡飲食、不過度節食，以下幾個重點抓住，搭配孕期就養成的良好飲食習慣，產後就可以天然瘦、愉快瘦。

發奶不是靠媽媽的嘴，是寶寶的嘴

　　其實，哺乳需要的熱量，懷孕的時候早就「傳便便」了。因為整個孕期，孕婦的身體機制都傾向儲存更多的脂肪，不僅是為了避免孕期突如其來的熱量不足，更為了因應後續哺乳的熱量需求。所以產後要發奶，並不需要吃更多的熱量，反而是藉由一次又一次和寶寶的親密接觸，增加親餵吸吮的次數；更不必提高食物的總量，而是要監控食物的品質。

妳不一定要喝湯

廣東人愛煲湯、西班牙人喝冷湯、西式牛排要配羅宋湯，而台灣冬天一定要喝火鍋湯！各式的湯頭湯底是匯集了各種食材的交響曲，搭配得宜會為整桌菜畫龍點睛。而產後不管是為了恢復元氣還是發奶，花生豬腳湯、麻油雞湯、鱸魚湯……，大家都愛為產後媽媽端上一碗湯！到底美味的湯是不是真的聚集了所有日月精華呢？

事實的真相總是不美味可口，其實不管是滴、煲、熬、煮，肉類和海鮮的蛋白質是不太會溶解於水的（大約只有 5%），即使將大骨敲碎，大骨頭裡的磷酸鈣也不會溶解於水。所以整大碗湯的鈣質含量可能也不及 1 口牛奶，1 份滴雞精的蛋白質也不如 1 顆雞蛋。那麼除了食物的鮮味，湯裡有什麼？答案是：水、鹽巴、調味料，可能還有滿滿的油脂、大量到讓妳痛風發作的普林，以及微量的胺基酸和水溶性的維他命 C。

其實母乳 95% 是水，要奶多多一定要水要喝多多。好喝的湯品作為餐後調劑可以，不過妳應該將之視為「熱量」來源，而不是營養來源，湯少喝、肉多吃才不會累積熱量在自己身上喔。

甜湯也得小心吃

在物資匱乏的上個世紀，糖算是珍貴的營養品，農業社會還需要以農作物和政府換取糖票，甚至只有生病的老人、小孩、生產後的婦女可以分配到特殊糖。時至 21 世紀，垂手可得的糖當然

已不再稀有，經過各種大數據的激盪，糖搖身一變成了最甜蜜的「毒藥」，對健康的影響是弊大於利。做為調味品，糖可以增添食物的風味，轉換產後鬱悶的心情，但它絕非營養品，冠上「養生」、「天然」的餐後甜湯、甜品或許可以滋補妳的心靈，但依然要注意吃多了是不利於產後瘦身的喔。

多吃蔬菜就對了

妳懷孕比較容易便秘還是哺乳？懷孕初期因為身體缺水、腸胃蠕動受賀爾蒙影響，因此容易便秘。坐月子時期，身體一樣因為哺乳而容易缺水、活動量又降低，很多媽媽會發現，原本到了後期改善的排便問題，又重出江湖，甚至更嚴重了！過去有許多人認為許多蔬果偏「涼性」，所以對於坐月子或哺乳婦女的蔬菜攝取有著諸多限制，甚至還有多吃生冷蔬菜會降低代謝、胖肚子的天方夜譚。那麼事實呢？蔬菜屬於低熱量、高纖維的食物，還有滿滿的礦物質、維他命，多吃蔬菜除了補充固態的水、膳食纖維可改善便秘以外，還能提供微量元素。所以啦，產後一樣得盡量攝取多種蔬菜，五彩繽紛的蔬菜除了讓妳心情愉悅外，也能得到多樣化的營養。

蛋白質要多樣化

過去，雞肉、麻油雞、雞酒被視為坐月子的聖品，還流傳坐月子就得一天殺一隻雞進補的說法。雞肉當然是不錯的蛋白質來

源，但是需小心過度攝取雞皮、雞油。低脂高蛋白的食材來源相對有利於產後瘦身，例如雞胸、海鮮、里肌肉、牛腱都是很好的選擇，而且維持多樣化的蛋白質來源不僅比較不會吃膩，還能同時補充到許多礦物質、維他命，如鋅、鐵、維他命 B。

營養補充品別停吃

母乳除了蛋白質、脂肪、乳糖外，富含各種維他命、鈣質、抗體、生長因子。孕期常說媽媽是一人吃兩人補，其實產後哺乳期也是，而且這個「人」還因為出生會漸漸變大，所妳當然得持續注意補充蛋白質、鐵質，避免因營養素不足產後落髮、體力恢復慢；每天水喝足，以免餵完奶就頭暈眼花；更該看看自己的鈣質攝取夠不夠，以免增加日後骨質疏鬆的風險。所以特別提醒，孕期買的瓶瓶罐罐營養補充品千萬別丟喔，應視需求持續補充。

❖ 懷孕時不能限制熱量減肥，那哺乳呢？

研究指出，哺乳時每日的熱量攝取不少於需求的 8 成，就是最低不能低於每日 1500 卡，就不會影響到母乳的量和品質。舉一個 60 公斤的產婦為例，孕前她每日熱量需求為 1600 卡，懷孕後期每日所需的熱量為 1900 卡，哺乳期為 2100 卡，2100 卡的 80% 為 1680 卡。如果不熟悉卡路里計算也無妨，簡單來說，只要繼續維持懷孕後期均衡飲食的習慣，餐盤比例份量不變，哺乳期就能減重又不影響母乳的品質。

❖ 母乳不夠怎麼辦？

即使有足夠的營養和水分、頻繁的親餵，並在專業的泌乳顧問指導下，我們不得不承認，不是每個母親都有足夠的奶水餵養自己的孩子，不然古代就不會有奶媽的存在。但母乳不夠，並不是妳吃的不夠，不是妳做錯什麼事，也絕對不是妳的愛比較少。即使沒有足夠的奶水，妳仍舊可以親餵再補上配方奶，在往後的日子裡，也可以自己準備或慎選健康的副食品，建立良好的飲食習慣，將健康均衡的飲食概念傳承下去，就是妳對孩子最好的愛。

少吃多動不會瘦

少吃多動瘦得了一時，復胖是必然，為什麼？我們來說個故事。

大頭經營一家工廠，工廠的營運一直不好，賺不到什麼錢。股東會勒令他3個月內要改善，大頭把心一橫決定大破大立，開源節流。首先，他裁掉一些他早就看不順眼的員工，留下來的員工通通減薪1萬元，然後再要求員工提高基本工時以增加生產量。

第一個月過去了，工廠因為開支減少，生產量提高，大頭非常得意到處炫耀；第二個月過去了，員工陸續開始耳語覺得這樣的工時實在太不合理了！大頭只好採取更高壓的方式管理，威脅員工不加班就走路；第三個月過去了，員工終於串連起來集體罷工，工廠的生產線頓時停擺，業績又倒退回3個月前。

大頭這時候慌了，只好快點尋求專業管理師協助。這時管理師阿烏提出了幾點建議：

1、 首先要和股東會達成協議，工廠該永續經營，拼短期的盈利只會輸。

2、 用人唯才。裁撤掉的應該是不適任的、拖垮生產線的員工，而不是老闆看不順眼的員工。生產線的人員配置要重新調整，以求最高效率，而不是看心情。

3、真的有必要減薪，也應該循序漸進，一次只減 1000 元，
偶而再發個 500 元獎勵。如此才能神不知，鬼不覺地降
低薪資開銷。

4、要提高生產量不能只動口，身為主管的大頭要勤加的巡
視生產線。

大頭聽了阿烏的建議後，從此業績蒸蒸日上，工廠欣欣向榮！

為什麼說這個故事呢？因為人的身體就和工廠一樣，盲目的
開源節流只會越減越肥。根據物質不滅的定律，熱量赤字當然妳
會瘦，但是當妳攝取的熱量遠低於妳的「基礎代謝率」時，身體
就會發出警訊，不斷的緊縮需求熱量，以下修妳的基礎代謝率。
所以妳就只好越吃越少，但是瘦身的效果卻越來越慢。若與此同
時妳又強迫自己「多動」，就好像沒給馬兒吃草卻硬要馬兒跑！
不僅效果差，還容易增加運動傷害的風險。

1 分鐘小教室

▸ 基礎代謝率：完全不活動下，維持基本生命的熱量需求。一
般來說，男性大於女性，年輕人大於老人，胖子大於瘦子。

▸ 每日總消耗熱量：基礎代謝率＋每日活動消耗的熱量。所以
運動員的每日總消耗量一定大於久坐不動的人。

　　所以少吃多動真的不會瘦！還很可能搞垮妳的身體。那麼我們應該怎麼做？

　　首先，身體健康和事業一樣需要永續經營，一味地追求短期的效果只會「甲緊弄破碗」，給身體多一點時間緩衝，養成習慣永遠最重要。每日的熱量當然要減少，但是要控制在每日總消耗熱量（TDEE）和基礎代謝率（BMR）之間，才能維持身體正常運作。接著，你要先避免高熱量、低營養價值的垃圾食物（就像不適任的員工），除了總熱量攝取外，營養的比例也要調整（生產線人員配置）。最後，當收放之間達成一個平衡，身體有正回饋時，要適度的放鬆腳步偶爾給自己一點甜頭（獎金）。

　　有了飲食調整與控制的概念，運動當然不能光用說的，下篇告訴產婦們何時可以動起來！

＼　Ｑ Ａ　／
醫師我有問題

❖　**運動是為了吃更多，真的嗎？**

讓我們數據化去解讀這句話。汗流浹背跑 1 小時大概可以抵消 1 個小蛋黃酥，而如果想多喝杯珍珠奶茶，得再跑 1 小時以上。

有在運動放心吃，其實是一場騙局。健身界流傳一句話，「三分練、七分吃」，腹肌是廚房養成的！規律的運動習慣是藉由提高每日總消耗熱量，給身體更多的彈性空間運用熱量，而不是放肆地大吃。在這個彈性調整的過程裡，選擇營養均衡的聰明食物，才能提升運動表現，也不會因故停止運動時就胖得更快！

生產後，這樣準備運動

　　不管妳的生產過程是轟轟烈烈還是雲淡風輕，相信許多媽媽產後的隔天看著鏡子總會黯然失神。當塞不進滿心期待產前心愛的牛仔褲，媽媽們總在捧著肚子忍著傷口疼痛的情況下，就急迫地想問：生產後到底什麼時候可以開始運動？

　　首先，妳要有信心，妳的肚子不完全是妳的，脂肪也不會永遠陪著妳。產後恢復運動不應該是壓力而是紓壓，給妳短暫脫離「母親」這個角色的機會。和產前一樣，產後運動可以明顯的降低產後憂鬱症發生的機會。而且以大數據來檢視，孕期有維持固定運動習慣的女性，95% 可以在 1 年內回到本來的運動量和體能水準。若是懷孕的過程比較艱辛，需要臥床安胎或是恥骨聯合分離疼痛的人，就需要較長的時間做復健，相對所需要的適應期就較長。

　　但無論如何，強勢回歸絕對不是夢想，產後運動該怎麼做好準備？讓我們一起先做以下幾個自我檢視吧！

傷口還痛嗎？

- ◆ **自然產後 1 週內**：生完不會頭暈即可馬上下床走路，這週會陰仍腫脹，掉出來的痔瘡可能讓妳有一點坐立難安。可

以試著多走路，開始練習凱格爾運動。

◆ **自然產後 2 週**：回診後傷口已經癒合，除了基本的墊上核心運動，也可以慢慢恢復產前的運動。

◆ **剖腹產後 1 週內**：在有術後止痛的幫助下，剖腹產的媽媽們通常能在術後的隔天下床走動，多走路活動可以幫助腸胃蠕動。剖腹產出院時，媽媽們通常已經可以緩慢的上下樓梯。

◆ **剖腹產後 2 週**：傷口越來越不痛了，取而代之是麻麻的感覺，這時可以漸進式納入墊上核心運動。

惡露多嗎？

不論自然產、剖腹產，惡露約在 2 週內會轉成暗紅點狀出血。若 2 週後妳的惡露的量仍然很多且鮮紅，或是運動後劇烈惡露會增加，那麼妳應該停止運動，就醫。

心理準備好了嗎？

產後媽媽的另一項噩夢，就是永遠無法做好夢。如果妳因為餵奶、照顧小孩呈現睡眠不足狀態，應該先暫緩運動計畫，充分的休息恢復永遠比運動重要！

醫師我有問題

❖ 運動會不會減少母乳的量？

　　不會，也不會影響母乳的質。哺乳＋健康飲食＋規律運動是產後快速瘦身的黃金三角，但完整的營養攝取和足夠的水分補充在這個階段很重要。為避免運動後產生的乳酸影響母乳的口感，哺乳前 30 分鐘應避免運動。最恰當的順序是先將乳房排空，補充水分和易消化的餐點再開始運動。

產後運動，循序漸進取代強勢回歸

　　當妳準備好回歸運動，那產後運動可以從哪些開始呢？又有哪些運動適合產婦？其實，運動和飲食一樣，均衡多元最好。有氧運動可以增加心肺功能、燃脂；重量訓練可以改善體態、增加肌力。訓練胸肌能改善餵奶後的胸型；強壯的背肌可以減輕圓背狀況；有力的屁股能讓妳遠離腰痠背痛。所以，千頭萬緒到底該從何處下手？

　　看了這麼多產後媽媽，三大煩惱不外乎：睡不飽、尿失禁、肚皮鬆。後面兩個煩惱都可以透過運動來改善，產後運動的幾個重點如下：

1、 不分自然產剖腹產，基本上，產後立刻可以做的就是凱格爾運動和走路，產後 2 天多數產婦即可利用凱格爾運動鍛練骨盆底肌群，減低漏尿和子宮脫垂的風險，待傷口不痛即可勤做墊上核心運動緊實腹部肌肉。

2、 產後的有氧運動循序漸進為走路→腳踏車→跑步→游泳。大原則是當妳快走不會漏尿、骨盆痛，傷口也不會痛，惡露不會大量增加時，就是可嘗試慢跑的時候了。一般來說為產後 2-4 週可以開始慢跑，當惡露排乾淨後，就可以選擇游泳。

3、基礎的核心運動（腹部／骨盆底肌群）銜接阻力訓練對於產後體態的回復最有效。平均來說，產後 2 週內骨盆底肌群會漸漸使得上力，可以開始加入更多核心的運動，徒手深蹲、弓步、橋式這些基礎動作練熟後，有重量訓練經驗的媽媽，可在產後 6 週慢慢加入阻力訓練（負重），不過增加重量時請注意在跳躍、抬起等動作有沒有漏尿或是下墜感，如果有請妳減輕重量或甚至改以徒手訓練，另外也不宜在產後半年內挑戰最大重量。沒有重量訓練經驗的媽媽，建議請專人指導正確的姿勢，產後半年內的負重量不超過小孩的體重（約 7-8kg）。恥骨聯合分離的媽媽建議避開深蹲、弓步等動作。

　　但如果生產前、懷孕前完全沒在運動怎麼辦？新手媽媽沒體力沒心思學深蹲、練弓步，又該如何運動？坐月子期間有什麼簡單易學不怕姿勢不正確的核心動作嗎？可以參考以下簡單動作。

產後 2 天到 2 週

　　無論自然產、剖腹產，經過一場硬仗媽媽們常會覺得我的肚皮不是我的肚皮，全身鬆垮垮，甚是大小便都無法順利掌控。這個時期，妳大部分的活動範圍在月子中心或家中的房間內，大部分的心力還在適應新生命的到來，大部分的時間是在擠奶、餵奶，最好的運動就是應該盡可能下床活動。墊上核心運動則是著重在找回自己的本體感覺，喚醒深層核心（腹橫肌）、骨盆底肌群。

大腿內收緊實操

預備姿勢：平躺（瑜伽墊或偏硬的床皆可），以腰不要塌陷為原則。
　　　　　腳屈膝微彎，腳板貼地，核心出力貼緊下背，大腿內
　　　　　側夾一個枕頭。

動作：屁股到大腿內側發力，膝蓋用力夾緊枕頭停留 10 秒。

Tips：產後 1 週內大部分的媽媽（尤其是自然產）會「忘記」
　　　凱格爾運動的感覺，無法縮陰提肛，可以利用夾緊膝
　　　蓋的同時試著找回陰道深部用力的感覺，同時練習凱
　　　格爾運動。

站姿棒式

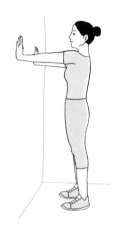

預備姿勢：面壁站立，雙腳與膝同寬，提醒自己已經生完，不要
　　　　　骨盆前傾，保持脊椎中立。

動作：手肘彎曲將胸口往牆面移動，保持小腹微收，停 10 秒。

Tips：標準的棒式是經典的核心運動，能改善駝背，維持脊
　　　椎的中立，減少肩頸痠痛及下背痛。其實懷孕就可以
　　　做棒式，但是需要循序漸進，因為若妳懷孕初期沒有
　　　「負重」時，就不是很熟悉這個動作、沒有練習，那
　　　麼到了後期胎兒漸漸變大，妳的核心撐不住全身及腹
　　　部的重量，導致姿勢不良，棒式這個動作反而會增加
　　　腰痠的機會。而產後當然也可以做棒式，只是妳挫折
　　　感會很深，用盡餵奶的力氣可能只能撐 1、2 秒。利用
　　　牆壁取代地板的站姿棒式就是一個很好的替代動作。
　　　秒數不是重點，姿勢正確最重要。

抬膝點地消肚操

預備姿勢：平躺（瑜伽墊或偏硬的床皆可），以腰不要塌陷為原
　　　　　則。抬大腿屈膝呈 90 度，小腿和地面平行。核心出
　　　　　力，想像肚臍去找自己的尾椎，持續的往內壓貼緊地
　　　　　面，但是不要憋氣。

　動作：慢慢的將左右腳輪流點地，此時感覺自己的腹部更出
　　　　力，重複 20 次，注意過程中腰緊貼地不能浮起來。

　Tips：此動作全程主要用到的都是腹部深層核心，感覺運用
　　　　肚子的力量慢慢控制腳落地，不求快，越慢越能感受
　　　　到核心出力，不要用「甩」的。

產後 2 週到 6 週

　　生產後多久還算是產後婦女？這個答案見仁見智，沒有標準答案。滿月、3 個月、半年，也有人認為一日產婦，終身產婦，只要是產後困擾的問題沒有解決都還算是「產後婦女」。醫學定義上的產後為 6 週，這時候不論自然生、剖腹產，在沒有併發症狀下，妳的傷口已不再疼痛，子宮已回到原本的位置，惡露已轉少。沒有併發症的媽媽在 6 週後大多可以回歸原本喜好的運動。

　　至於產後 2 週到 6 週回歸正常運動前的階段，墊上核心運動著重產後體態的重塑，找回更多控制身體的能力，以銜接後續更有挑戰的生活。

橋式

預備姿勢：平躺（瑜伽墊或偏硬的床皆可），以腰背不要塌陷為
　　　　　主。腳屈膝微彎與臀部同寬，腳板貼地，腰背固定不
　　　　　要晃動。

動作：以臀部發力，將自己的下背骨盆和大腿撐起。上背、
　　　手掌和腳底不離地。想像有人從地板戳妳屁股，妳要
　　　往上躲。動作不要快，重點是肌肉感受度。

Tips：又是一個瑜伽的經典動作，可以舒緩緊繃的髂腰肌，
　　　加強臀肌，改善骨盆前傾。如果妳對這個動作熟悉，
　　　在孕期練習可以減緩下背痠痛的情形，但和棒式一樣，
　　　到了孕期尾聲若妳臀肌力量不夠支撐起妳隆起的腹部，
　　　造成動作姿勢不標準，這個時候就要暫停練習。臀大
　　　肌是人體最大最有力的肌肉，舉凡走路奔跑和爬樓梯
　　　都要靠它，但是現代人久坐少走動的生活型態，常常
　　　讓臀部「睡著了」！虛弱的臀肌使身體的壓力轉嫁到
　　　下背導致腰痠背痛；不穩定的髖關節使得恥骨、膝蓋
　　　甚至足底痛。歷經了懷孕的艱辛產時的浩劫，產後應
　　　該就是臀大肌睡得最熟的時刻！產後腰痠背痛，無力
　　　站不直嗎？不要再說月子沒坐好了，是妳的「屁股」
　　　沒有顧好。所以產後很適合重新開始練習橋式喚醒妳
　　　的臀大肌。

跪膝腰瘦操

預備姿勢：左腳跪地，右腳掌踩地，呈高跪膝，雙手握著啞鈴。

　動作：利用側腹的力量將手中重量從右下抬起過頭到左上。
　　　　過程中保持抬頭挺胸，腳掌貼地，重複 10 次。雙腳換
　　　　邊，將重量從左下抬至右上，再 10 次。

　Tips：不管是親餵還是瓶餵，不論是配方奶還是母乳，妳的
　　　　雙手和肩膀都很重要，這一招是可改善肩膀緊緊、手
　　　　麻麻，同時訓練到側腹肌群的全身性運動。啞鈴重量
　　　　還可以用新生兒做代替，親子同樂。

超人式

預備姿勢：四足跪姿，小腹微收。不拱腰不駝背，脖子放輕鬆。

　　動作：抬起右手左腳，停 10 秒，再換邊。

　　Tips：此動作可以繼續加強核心平衡、臀肩的穩定性。如果
　　　　　同時舉起手腳會太不穩定，可以循序漸進分開抬起。

　　再次強調，產後的運動應該是以找回身體的感覺為主，作為
重拾或是開啟運動生活的橋樑，應聆聽自己的身體，不需要把自
己「操爆」。墊上核心運動當然也不用僅限於以上建議動作，只
要妳熟悉、能正確操作，練習後不會增加傷口疼痛感的動作，都
可以慢慢加入。

❖ **棒式和深蹲，哪一種運動對瘦小腹比較有幫助？**

深蹲。瘦小腹＝減去腹部多餘的脂肪（減脂）。想要減脂就是要製造熱量赤字，進來的少，出去的多。執行上就是飲食控制及增加熱量消耗的運動量。大肌肉、多關節的運動消耗熱量相對較大，深蹲就屬於這類型的運動，靜止不動的棒式消耗之熱量則極低。而且「動作之王」深蹲不僅訓練到下半身最大塊的股四頭肌和臀大肌，對於踝關節、髖關節及核心的穩定度都有極大的幫助。應用到生活每天的起立坐下、操持家務甚至是如廁大小便，我們都離不開「蹲」這個動作。低負重次數多、較窄較淺的深蹲還可以訓練到骨盆底肌群（雙腳略寬於肩膀，蹲的深度屁股低於膝蓋即可）。

有人會說，可是我做棒式肚子會很痠阿，棒式不是用到很多核心嗎，什麼肚子不會瘦？這是因為棒式除了能調整姿勢外，是一項很入門易學的核心運動，藉由棒式練習，初學者能更容易掌握核心肌群的發力，尤其是深層的腹橫肌。孕婦訓練核心可以減少腰痠背痛、腹直肌分離；跑者訓練核心能改善跑姿、提升跑步經濟性；健力選手練核心可以舉起更大重量。但核心歸核心，馬甲線歸馬甲線，妳想要的平坦的小腹和核心是兩個議題。那麼為什麼肚子會痠痠的？簡單來說，運動當下的痠來自於乳酸堆積，力竭了！有點像搬重物手撐不住所以很痠。所以妳運動完隔天的痠痛來自於對動作的不熟悉及肌肉的輕微損傷，燃燒脂肪本身其實並不會有任何感覺。

❖ **產後不要搬重物，不要抱比自己小孩重的物品，不然以後會 子宮下垂、漏尿，真的嗎？**

以運動醫學的角度來看這段話，這段話對了 9 成。肌力是一點一滴養成的，天天抱小孩，久而久之妳就會習慣這樣的重量。但是小孩不是物品，他會扭動亂跑，每一次抱起孩子的瞬間，若是核心不夠穩不會運用正確的肌群，對媽媽的腰椎下背就是一次傷害。長時間抱著孩子安撫，若沒有強大的核心支撐，不習慣正確的姿勢，身體也會開始利用其他小肌肉代償，因而產生腰痠背痛的狀況。

重量訓練的價值就在於，有系統的養成肌力，學習用正確而安全的姿勢提起物品（硬舉）、抱著孩子走路（農夫走路）、抱著孩子坐下（深蹲）。當然在訓練的過程中，重量的選擇很重要，產後是骨盆底肌群最脆弱的時候，這個時候的確不適合再給予大重量的刺激，但根據用進廢退的理論，久坐久躺只會更弱化骨盆底肌群，反而增加子宮脫垂的風險。

想瘦媽：「林醫師，請問我束腹帶要綁多久？」

淡定林：「你自然產跟人家綁什麼束腹帶……。」

想瘦媽：「可是人家不是説綁束腹帶才會瘦？！」

淡定林：「綁束腹帶會瘦還輪得到妳？？我自己就纏滿身了！
重點是要運動！運動運動！不運動纏成木乃伊也不
會瘦！！」

想瘦媽：「……」

產後瘦身魔王關，這樣做不卡卡

本章第一篇就談到，產後瘦身的鐵三角就是餵母奶、均衡健康飲食，以及產後運動計畫，但除了鐵三角，其實還有兩個魔王關，考驗新手媽媽。

第一關：產後 2 個月，產假收假！

台灣的福利政策給產後的媽媽 42 天假期，加上假日剛好是 2 個月。不管妳是全職媽媽或是得重返職場的職業婦女，重新調整生活作息對身心都是一種壓力，當身體面對新的挑戰時也會不利於瘦身。首先，妳可能面臨無人再幫妳準備相對健康的月子餐，而得待在充滿下午茶和甜食誘惑的辦公室，或是化身成寶寶 24 小時的貼身保鑣。每個人各有自己的難關，解決的方式有時候沒有標準答案，只能隨機應變，這裡給剛出關的媽媽們一點小建議。

・適時求救、壓力不要靠吃抒發。

尋求隊友的協助、家人支持、朋友的傾聽，或暫時拋下一切，讓自己好好睡一覺。當新生活的改變壓得妳喘不過氣時，試著轉換心情，不要讓爆食變成妳紓解壓力的習慣。

- 以母乳為名。

　　懷孕的時候總會想著自己吃什麼，寶寶就吃什麼，那餵母乳時呢？既然我們都想給孩子最純、最天然的，為什麼要用一些加工食品、空熱量來填補自己的身體。可以利用這樣的轉念，提升自己的飲食品質。

- 遛小孩也遛自己。

　　避免足不出戶的坐式生活，全職媽媽可以推著孩子一起動起來。買菜也好、單純遛公園也好，一方面帶著孩子探索新世界，另一方面提升自己的基礎活動量。

第二關：奶水退去，副食品登場！

　　股市名人巴菲特說：海水退去，就知道誰沒穿褲子。我則是常開玩笑的說，當奶水慢慢退去，就知道誰的飲食習慣比較好！產後的 4 到 6 個月，不論妳是否退奶，副食品都會漸漸會開始取代母乳，不管妳的心情是如釋重負還是依依不捨，退奶的過程是困難重重還是來得快去得快，哺餵母乳這個迷人的熱量缺口，時間到了，還是會慢慢關起來。從備孕、懷孕、哺乳，一直到副食品登場！這又是一個機會讓女人找回飲食主導權。

- 副食品派別多，原則都共通。

　　原型食物、調味烹飪簡單化、少加工食品、不油炸、不喝含糖飲料、用天然水果取代零食甜點。副食品的準備原則怎麼如此

似曾相似？是的。讓妳發胖不健康的飲食法有千千百百種，健康均衡飲食的大原則倒是都相通。在準備副食品的同時，我們也可以回頭審視一下自己的飲食觀念。

· 循序漸進、慢慢來。

　　小孩一開始吃副食品時，不要操之過急，目的在於讓寶寶不排斥各種食材。改變自己的飲食習慣也是，一張一張健康牌慢慢打、慢慢換，讓身體漸漸習慣新的飲食模式。

　　比如說，給孩子嘗試地瓜時，可以跟著孩子一起吃，替換掉本來熱量較高的澱粉，如台式麵包、鐵板麵。各式青菜、肉類也是，不管是打成泥或剪成碎塊，都可以在製作成副食品前，和妳的孩子「搭伙」。孩子學著吃副食品，媽媽跟著健康吃。

· 食材多樣才完整。

　　我們當然都希望自己的孩子不挑食、能攝取到多種營養。除了加工食品外，副食品的種類當然是越多元越好，如果剛好養到挑食寶寶，我們就利用替換的方式，多方嘗試。比如說，葉菜類不喜歡吃就增加瓜類、花椰菜、秋葵的攝取；地瓜、芋頭不喜歡就試試看南瓜。健康的食物不一定很無聊，也可以多變豐富。變化副食品的同時，媽媽自己也可以攝取多元的食材。

· 適度調味、適度加油。

　　在懷孕的飲食篇有提過，我們不建議餐餐水煮，因為缺乏油脂會導致脂溶性維他命的吸收不良，對照到準備副食品，就是容

易使得寶寶便秘。請記住，我們要避開的是油炸類、反式脂肪，而不是滴油不碰。簡單的調味也不代表完全零味道，只要減少加工食品的高鹽、高糖即可。

面對那麼多產婦，我們知道這兩個魔王關帶來的生活變化，很容易成為產後瘦身的停滯期，那真的遇到了，可以怎麼做？

實務上，可以透過改變運動模式以及寫飲食日記、計算卡路里來突破。

• 改變運動模式

跑步加重訓、游泳加瑜伽、飛輪還是 TRX，妳的排列組合是哪個？當產後瘦身遇到瓶頸時，可以考慮離開舒適圈，換一種全新的運動，除了給身體一種新的刺激以外，還能轉換心情，分散對同一件事情的執著。

• 寫下飲食日記、計算卡路里

人與人的相處還需要時時磨合調整，人與食物的關係也是。妳的體重、活動量、奶量和睡眠都會影響基礎代謝的平衡，當妳自覺明明「沒有吃什麼」，體重卻還是不降反升或是停滯很久，可以開始試著記錄飲食。最簡易的方式是和記錄小孩副食品的進展一起寫下來，檢視一下整天吃進去什麼、有沒有不經意的「空熱量」。

　　至於心態上呢？

　　不管是個人成就、和先生的感情、親子之間的關係，有時候不一定是不進則退，或許妳得原地踏步，甚至要以退為進。妳最親愛的身體也是。只要走在正確的道路上，多走幾步路也沒關係。

　　突破停滯期的最好方法，就是設立多個目標，以我個人為例，跑步成績沒有進步時，就看看自己的身形變好了；瘦身卡關時，想想自己準備的餐點更多元化，身邊更多人跟進自己煮菜。簡單來說，就是妳的目標永遠不能只有一個，當然妳的目標和我不盡相同，在產後瘦身的路上或許妳剛好愛上了瑜伽或重訓，或許妳迷上了自己準備副食品親子共食，或許是為了更好的運動表現開始追求更健康的飲食習慣。這些元素就像套環一樣，環環相扣，都能幫妳度過停滯期。3 個月、半年、2 年，過了新手蜜月期，自我檢視的時間要越拉越長，方向目標要更多元，才能減得開開心心！

　　最後，我也要請妳再給自己多一點點時間和空間。別忘了！懷孕和生產帶給妳的身心變化如此大，先把自己顧好，妳的孩子才會好；讓自己開心，妳的孩子才會開心！

好的飲食與運動習慣，
不只瘦，還讓妳陪孩子走更久

　　老實說，雖然大家在孕期時會胖成一團，但真的在意的孕婦並不多，畢竟懷孕嘛！可是一生產之後，就等於是面對殘酷現實的開始。尤其經過孕期及產程，即使體重回復到原本數字，但身形卻很難回到從前；甚至我也見過很多媽媽，產後因為帶孩子很忙很累就靠吃紓壓，有時間也只想補眠，產後 3 年體重不只回不去，還越來越重。

　　還有還有，我真的要藉此機會呼籲，彌月真的不一定要送蛋糕或油飯啦！看看我每個月接生 100 多個寶寶，收那麼多彌月禮之後造成的職業傷害好嗎？很多媽媽在月子中心不方便運動，還要試吃那麼多蛋糕或餅乾，真的不肥也難。想分享喜悅有很多種辦法，不一定要用這種大家一起肥的方式啊！

　　很多媽媽會把握餵母奶的機會瘦一波，我也認為這是個瘦身的好時機，畢竟 100c.c. 母奶大概有 60 卡 -70 卡，擠個 500c.c. 就消耗 350 卡了，多愉悅啊！但千萬不要大意，停餵母奶才是決勝負的開始。畢竟餵母奶時，媽媽吃東西還是會比較小心，一旦停餵母奶就放飛自我，珍奶、咖啡樣樣來，加上食量沒有隨著停餵母奶而降低，一不小心還有可能比孕期還胖！

產後，真的好累，到底該怎麼做，才能健康瘦回原來的模樣？我覺得，與其抱持著「想要瘦回去」的想法，不如換個角度，思考「什麼生活方式對我最好」，也許實行起來壓力會小一點喔！

孕期建立的好習慣，要延續一輩子

還記得前面篇章分享的孕期飲食指南嗎？多蔬菜水果、多蛋白質、少精緻澱粉，一聽就很生無可戀，對吧？偏偏這才是對人體最營養均衡又低負擔的飲食，它不專屬於孕婦，更應該持之以恆，產後繼續維持下去。

可能這時很多媽媽想抗議啦：「每天忙得要死，隨便抓個麵包吃最快！」、「睡覺都沒時間了，哪還有心力準備什麼健康餐盤？」

嗯，冷靜冷靜，妳可以先問自己一個問題。妳願意花多少時間在寶寶身上，又願意花多少時間在自己身上？我見過很多媽媽，都願意為了寶寶的副食品投入大量心力研究、製作，只希望孩子吃得安心；那妳為什麼不撥一點時間，為自己準備更健康的飲食呢？這難道不是最簡單也最基本的「愛自己」嗎？

就像很多媽媽懷孕期間會為了寶寶而吃很多營養品，但一生產後立刻全部停掉。其實產後更應該繼續吃，因為這關乎妳的健康，如果妳無法照顧好自己，就沒辦法顧好寶寶。

我強烈建議產後繼續運動，也是同樣的道理。個人覺得，運動如果帶有強烈的目的性，例如變瘦、塑身，其實是挺辛苦的。換個角度來說，剛開始照顧新生兒很容易讓人喘不過氣，運動其

實是很棒的紓壓方式。況且，出門曬曬太陽，加上運動能分泌腦內啡，都有助於降低產後憂鬱發生的機率；同時增強體力，顧起寶寶也沒那麼容易累。

　　妳可能會想，顧寶寶這麼累，應該也會瘦啊！顧小孩是「勞動」，「勞動」的心跳率可不會像「運動」一樣增加喔！而且誰說小孩大一點就不累了？當父母的，就要做好至少累到小孩成年踢他去念大學的時候好嗎？難道妳要等到那時候才開始運動嗎？

　　別認為運動就應該換上全套裝備到健身房揮汗，或者舟車勞頓到特定場地，運動應該是一件很輕鬆的事，也許是揹著寶寶散步，或者在公園遛狗，只要持之以恆，就是很棒的生活習慣，而且也能讓妳陪伴孩子走得更長久。

運動，也是妳的「Me Time」

　　建議媽媽們產後繼續維持健康飲食及運動習慣，除了生理健康的考量之外，我認為更重要的是心理調適。

　　我看過太多媽媽時時刻刻將心思都綁在孩子身上，寶寶左腳抽動一下就擔心是癲癇、咳個兩聲就以為是流感，以高度緊繃的精神狀態在顧寶寶，長久下來，最快累垮的就是妳自己。我並不反對媽媽將心思 100% 都投注在寶寶身上，但是當妳沒有獲得相對成就感，並且感到失落時，就應該試著分散注意力，否則很容易情緒崩潰。吃健康的食物、培養運動習慣，就是將注意力分散到其他地方，又對自己有益的方式。

　　假如妳產後決定當個全職媽媽，那更要學習聆聽自己的需求。

也許妳會覺得，我是「全職」媽媽耶！怎麼可以不全心全意顧寶寶？仔細想想，任何一個「全職」醫生、銀行行員、廚師……，各種專業領域，本來就沒有人會 24 小時全心全力投入同一件事。包括顧小孩這件事，其實也不需要如此。

　　為什麼上班需要放假、休息？因為要有適當的調劑，工作才做得久呀！相對的，當媽媽也一樣。況且「媽媽」沒有明確的上下班時間，卻是要當一輩子耶！能不能調適心情當然就更重要了。

　　每個人紓壓方式不一樣，妳可以找姐妹淘喝下午茶，揪老公看電影，而運動是一個妳可以自己完成的調劑。只要妳願意，它甚至沒有場地限制，家裡舖一塊瑜伽墊就行了，這不是妳能夠給自己最簡單的自由嗎？

　　曾有喜歡跑馬拉松的媽媽跟我分享，說她在跑步的時候，不僅僅是運動，而是在過程中不斷跟自己對話，對於生活、心態都會突然產生很多新的想法。人如果一直處在同個環境，心境也容易鑽牛角尖，如果妳真的帶孩子帶得很沮喪又不知所措，不如乾脆放空去運動，搞不好突然就有新的啟發出現，助妳突破盲點。

　　從另一個方面看，產後去運動，其實是為妳自己爭取更多時間跟空間。假如妳沒有儘早開始，隊友或家人就會習慣「妳不需要獨處及調劑」這件事，等到哪一天妳終於下定決心要去運動，很可能會換來一句「妳去運動，誰要顧小孩？」

　　別說我沒提醒妳，自己的時間要自己爭取喔！

健康快樂走自己的路，比瘦下來更重要

從孕期談到產後，我們聊了這麼多「不胖」的話題，但這不代表我認為「瘦比胖來得好」，我只是希望各位媽媽，能用正確且健康的方式實現自己想要的模樣，而不是看網美、網路文章，就用一些不健康的奇怪方式減肥，還搞得自己不開心。

我看過很多很多媽媽，有人產後 3 個月就瘦回少女體態，有人產後 3 年還胖了 10 公斤，其實沒有好壞之分，我只在乎妳是否健康快樂。妳應該樂意當個漂亮開心胖媽媽，也不要為了拼命瘦身而鬱鬱寡歡，不然即使瘦了，那又有什麼意義呢？

體重數字不代表一切，我想告訴大家，不管高矮胖瘦，都不要因為外表而失去自我，當然，也不要因為有了孩子而失去自我。甚至，有了孩子，妳更應該清楚自己想要什麼，往後教養孩子的路上，妳才能減少被他人影響的痛苦，更堅定走自己的路。

比起體重數字，我認真覺得健康的體魄和心態最重要，因為那才能讓妳快快樂樂陪著孩子長大。所以囉，一定要好好讀這本書，不但有烏烏醫師的專業知識，還有我暖男療癒心靈小語，保證讓妳活得健康又快樂啊！

孕力媽會客室

每個人的身體條件、生活背景、懷孕史不盡相同，不同的孕期和產後故事都是屬於妳而獨一無二的，不能推導到這樣做就一定好、那樣吃一定棒，但是可以給予其他人勇氣，產生共鳴，鼓舞更多還沒懷孕的、已經懷孕的、已經當媽媽的女人。一起動起來！

寶寶，你有強壯快樂的媽媽可以靠！

身為藝術家，2014 年結束在德國 8 年的學業後回台的逸寒，在這之前和老公並沒有打算想要小孩，也從來沒有特別喜歡過運動。除了國小的時候曾經短暫學過羽球和體操；逸寒中學後的體育課在升學主義體制下，漸漸變成只想在樹下乘涼的發呆時光；升上大學後，運動就和舊課本一樣被塵封遺忘。

懷孕前的她仗著年輕，仗著可以一整天逛大小美術館也不鐵腿，自以為自己體能不錯，更沒有覺得運動是一件需要特別認真對待的事。

但經歷過懷孕、生產，卻讓她開始運動，認真運動，也喜歡上運動，甚至帶著伴侶和父母一起動起來。她說：「當一個強壯快樂的媽媽，是我為自己和家人贏得最好的禮物。」

▶ 身為母親，我們需要身心強壯。

憂鬱暴肥、害喜吞薯條，人生好難

23 歲以前的逸寒，身材中等偏肉，不是很接納自己的身體，但也沒有認真減肥過。23 歲發了狠減肥，瘦成紙片人，可是同年憂鬱症也找上了她。之後雖然慢慢從憂鬱症走出來，但依然偏執的保持瘦削的身材，只要對體重計上的數字不滿意，就會崩潰低潮，再次用蠻力讓自己瘦下來。2017 年，憂鬱症又再度來臨，她反而開始依賴酒精給予的短暫快樂，在短短幾個月內暴肥了 5 公斤。在 2018 確定懷孕之前，總共胖了 7 公斤。

就像許多人的故事一樣，最快樂的一刻是發現驗孕棒上清楚的兩條線，直到惱人的害喜症狀出現，包括睡眠障礙、脹氣、胃酸以及最可怕的孕吐。

「我沒有真的吐出來過，可是許多原本喜愛的食物卻變成像浸泡了汽油的詭異味道，讓人非常沮喪。」逸寒說，她曾經蹲在廚房大哭，只因為好餓，可是廚房的氣味像是噁心的炸彈轟炸她。在那段時期，她唯一能吃得下的就是麥當勞，但非常在意身材的她，又怕胖、又怕餓、又怕傷害了小孩，在天人交戰之下，終究生存本能占上風，一邊猶豫著，一邊還是把薯條吞下去了。

營養備餐不忘偶爾療癒，孕期飲食平衡最好

過了 16 週害喜的症狀慢慢褪去，但是那些造成嘔吐感的食物仍然無法下嚥，包括逸寒心愛的橄欖油和部分綠色蔬菜。其實她原本吃的也算健康，但是在孕期狀態下，對於怎麼吃仍然有很多困惑，「記得當時我常覺得營養師的衛教讓人聽不懂，很火大。

也覺得坊間的書光看標題宣稱怎麼吃養胎不養肉、如何孕期只胖7公斤，我就主觀認定是騙人的，連翻看也沒有，孕婦的脾氣真是不好啊！」

直到她的產檢醫師烏烏開了粉絲專頁，寫了許多關於營養和運動的文章，她才漸漸對於如何吃有了概念，比如什麼是「空熱量」，澱粉類有什麼好的替代食物，如何吃得飽又吃得好等等。她最喜歡簡單明瞭的便當文，讓人對於食物營養該如何配置很快能有基本概念。

於是，從窮留學生時期就養成自己煮食的習慣，加上當時台灣一波又一波的食安風暴，逸寒和老公開始在意吃入口中的食物，於是在她懷孕時養成習慣每週六到菜市場看看有甚麼新鮮的、吃了不會害喜的蔬菜和肉類。「我最喜歡烤五顏六色的蔬菜，配上一盤簡單的炒肉或是烤魚了。每次產檢，當醫師報告胎兒正常健康，我覺得就好像是一種自我檢查這樣的飲食是否正確的關卡，讓我繼續向前。」

她偷偷說，每次產檢過關，都會給自己獎勵一下，吃個高熱量但療癒內心的蛋糕。人生嘛，總是要偶爾縱容自己一下才有力氣繼續上緊發條。

愛上瑜伽，與身體和平共處

發現懷孕之後，逸寒一開始是有時間就會和老公去附近的公園爬爬山、散步。直到遠在國外的好友兼媽媽一直提醒、鼓吹關於運動對於生產的好處，她從孕期 16 週開始，也開始固定到家附

近的瑜伽教室上課。

「我的運氣很好，週日孕婦瑜伽上課的時段幾乎只有我報名，於是幾乎每週都是一對一的上課。孕期瑜伽老師其實是專攻陰陽瑜伽，所以並不強調柔軟度，反而更注重在核心的訓練。加上我不服輸的個性，認為自己雖然年紀大了點，又缺乏運動，但是誰說懷孕 16 週才開始運動就不能達成些什麼呢。」

其實，從懷孕 12 週開始時，逸寒就經常有圓韌帶拉扯和疼痛的感覺，尤其在工作當中，因為作品尺幅的關係，她必須把紙張鋪在地上創作，姿勢經常是起立、蹲下、雙腳大步踏開，非常容易拉扯到圓韌帶，所以有許多作品是在哀哀叫疼的狀態下完成的。沒想到，第一堂瑜伽課結束後，她很驚喜地發覺韌帶疼痛消失了。

後來，瑜伽就此成為逸寒孕期最大的安慰與快樂，尤其經歷過兩次憂鬱症，她知道自己再次發作的風險很高。孕期初期身體的變化和陌生曾經給她很大的恐慌，各種難為情好像又讓她再次經歷青春期。但是開始做瑜伽後，她發現自己即使懷孕依然可以慢慢的進步，慢慢開始佩服自己的身體可以承受的壓力，慢慢開始與身體和平共處，慢慢的開始喜歡自己。

練了一招半式之後，逸寒每天在家裡都會做至少 1 個小時的瑜伽，老公也因此開始認真的一起上瑜伽課。除了懷孕與工作，他們多了關於怎麼吃、怎麼運動的話題。

「直到我生產前一天，我還是很認真的在做瑜伽呢！」

最後，逸寒整個孕期在老公和自己的照顧下，好的飲食加上運動，真的只胖了傳說中的 7 公斤。

我們今天一定要把小孩生出來！

逸寒說，朋友們看她在孕期這麼頻繁做瑜伽，多半都預期她的生產過程會很順利。但實際上她也不知道在那樣的情況下，運動是否對她有幫助。但是，瑜伽的呼吸法，的確讓她在開始陣痛的前 4 小時熬過每 3 分鐘的難關。只不過，到了醫院之後，自以為每 3 分鐘就痛得死去活來，應該總有些進度了，沒想到醫師檢查竟然只開了半指。

她還記得自己用僅剩的意志力理性思考了一下，第一胎，痛了這麼久只有半指，目標又是自然產，產程很有可能很長，於是決定打減痛分娩。她大嘆真的是幸好做了這個決定，因為接下來又熬了大約 11 個鐘頭。直到待產第 11 個小時時，她享受著無痛，一邊跟朋友報告在待產中，忽然之間護理師們衝進來，數著呼吸要她跟著，收拾好點滴的線，她抱著肚子繼續呼吸，一陣忙亂中就被推進去要生孩子了。

「在產台上，我覺得好冷，努力地繼續呼吸壓抑自己的恐懼，想著『我的天啊這一切要發生了』。」醫師就定位，護理師趴在她的肚子上，開始了。

只是，用力第一下，第二下，第三下，什麼都沒有發生，她的肋骨好痛，為了用力憋住呼吸到視線變黑，心裡充滿了各樣的髒話覺得「為什麼生不出來」。接著，她在生產當中才發覺，原來根本還沒開到 5 指，而寶寶心跳很慢，只能繼續壓抑著恐懼，心想我今天跟你拼了，非得要把寶寶生出來不可。逸寒回想起那個時刻，覺得很混亂，可是接生的團隊帶著一種很有默契的節奏在引導著，烏烏醫師（很幸運是產檢醫師也是接生醫師）大吼著：

▶ 產後持續運動的逸寒，變化的不只是身形（上圖：由左自右），還有不忘記自己喜歡的事物的正面心態（下）。

「逸寒！我們今天一定要把小孩生出來！」她看著各式各樣器材在肚子遮住的視線後面飛舞，真空吸引器吸不出小孩，反而是血濺半個產間。她繼續憋氣用力直到視線模糊，醫師在遙遠的那端滿頭大汗。最終半小時的折騰後，寶寶出來了。

事後回想，她真的不知道孕期中的瑜伽是否對於生產有幫助，但是最後的母子均安才是一切。

產後，別忘記喜愛的事物

初次和寶寶見面後的第一個 24 小時，對逸寒來說很累但是很亢奮，一切都很新鮮，覺得寶寶哭好可愛、打哈欠好可愛，小小的手指、小小的腳趾，左右端詳這個陌生的臉孔到底是像爸爸還是像媽媽。接著挑戰就開始了。

每個媽媽都有各種懷孕和生產的血淚史可以訴說。產後全身都在痛、傷口疼、沒有奶水的焦慮以及無限的疲累。尤其逸寒嚴重的奶水不足，在明明比較能休息的月子中心依然把自己逼到極限。直到有天月子中心的護理師早上來例行健康檢查，順便聊聊天的時候，對她說：「餵母奶、換尿布這些事情都是一時的，不要忘了自己喜愛的事物，如果喜歡瑜伽，那就要持續下去。」

於是產後第 10 天，逸寒在房間內做了以伸展為主的 40 分鐘瑜伽，雖然許多動作非常的痠痛僵硬，甚至使不上力，但是她重新感受到自己了，也想起瑜伽在孕期中帶給她的療癒和力量。出了月子中心的第一天，自告奮勇的老公更接手照顧寶寶，讓她回去上瑜伽課。

▶ 身為一名女兒、妻子和母親的多重身分,逸寒很開心帶領了伴侶(上)和父母(下)一起開始喜歡運動。

「孕期我總共增重大約 7 公斤，產後 24 小時後量體重掉了大約 2 公斤。在月子中心我倒是乖乖地都吃完了月子餐，除了澱粉的攝取有斟酌。出關時的體重與剛懷孕時比較剩下 2 公斤。但是在月中的例行檢查中發現我的腹直肌嚴重分離，有將近 4 指寬，所以即使體重還好，但就有個肚子老掛在褲頭。」

　　回家後照顧新生兒當然是非常忙亂，新手爸媽總在睡眠不足和搞不定的作息中顛簸，逸寒沒辦法像孕期中每天撥 1 個小時做瑜伽，只能每週固定去上一次課。直到搬家後，大部分慢慢的穩定了，照顧寶寶慢慢上手，也開始了托嬰中心的生活，逸寒才想起在懷孕的尾聲時，默默決定生完孩子後一定要開始加入重訓的決定，於是一鼓作氣買了 30 堂重訓的一對一教練課程。

　　訓練 3 個月後，她發現因為餵母奶抱小孩造成的圓背、骨盆前傾、腰痠、收不回去的腹直肌，都慢慢好轉了。體脂率從第一堂課測量的 29.2%， 4 個多月後降到 23.5%（BMI 則是從 21.2 降到 19.8），肌肉量提高了 1.2%。「我的飲食上與孕期很接近，只是養的對象從胎兒變成肌肉。說身材不重要太虛偽，看著自己身形漸漸挺直不駝背，可以重新穿回 26 號的牛仔褲，還是很振奮的哈哈哈。」

運動，才有力氣面對黑暗

　　「從沒想過一個新生命的誕生帶給我們家庭的不僅是喜悅，還有滿滿的健康正能量。」逸寒笑説，也許是孕期看她練習瑜伽的潛移默化，她的老公也跟進愛上瑜伽，目前他專攻阿斯坦加瑜

伽，核心永遠收得緊緊的，還不時大秀倒立，伴侶之間除了孩子又多了一個健康正面的話題。而她的父母也在她遊說之下突破心防，希望能有更多體力陪他們的「金孫」，兩老順勢開始了「銀髮族訓練」。

　　「運動似乎讓我有力氣去面對各種黑暗。不論是身為人母的糾結疲累，或是身為女人懷孕與產後的各種社會框架和偏見造成的壓力，或是工作上許多的不痛快，甚至是憂鬱症。」回歸到自己價值，逸寒不再過度計較執著體重計的數字了，她更在乎自己從現在開始投資健康，讓寶寶有個強壯快樂的媽媽可以依靠。

案例 2

懷孕運動，一點也不瘋狂！

國手、熱舞社社員、半馬破二、健力健美的飛天女警丸子娃，有著和一般人很不一樣的運動背景，很難想像從小熱愛運動的她，是如何經歷懷孕生產、從愛相隨的陪跑女友變身神力哺乳媽媽。

丸子娃從 4 歲便開始追隨父親練跆拳道，上高中離開父親管轄後，才開始多元化嘗試各種運動，接觸了熱舞、原來排斥的跑步也愛相隨跑了幾場半馬，甚至還接觸了極限武術。後來因為十字韌帶斷裂開刀，丸子娃本來覺得自己運動生涯掉落谷底了，卻在老公的鼓舞之下，開始鍛鍊從未著墨的上半身。

為了更正確有效率的運動，避免因「無知」而受傷，她開始尋求肌力與體能教練的協助，中間更參加過幾次單項硬舉和臥推，還有健美比賽，重訓讓她在懷孕前的運動表現達到高峰狀態。

「我覺得學習任何一樣東西，向下紮根是最辛苦也最需要時間堆砌的。在脫離選手和學生身分之後的持續維持，靠的是對於各種身體控制的迷戀、肌力訓練，還有自覺。」真心熱愛運動的她這麼說。

▶ 孕期帶著孩子一起強健，是身為媽媽最獨特的體驗。

激烈運動「可能」會影響受孕！？

在順其自然卻又非常意外的心態之下懷孕的丸子娃，其實孕前也承受過不少「激烈運動『可能』會影響受孕」、「一定是體脂肪太低所以才遲遲無法受孕」、「骨盆從小有一點不正加前傾，不易受孕，就算懷孕了可能也要安胎」等耳語。

「這些話聽多了總覺得讓人不太舒服。因為其實我體脂一直都沒有低到會嚴重影響到受孕的程度，平均維持在 17-18%，為了比賽最低也只有到 15-16%，大概是我同時肌肉量也大的緣故，其實『一樣的體重（單位），能夠輸出的最大力量』才是我最在乎的部分，而不是把瘦和體脂低當作最高指導原則。」丸子娃說。但是困惑的她，其實也不確定這些因素到底是否真影響受孕，所以才有種難道被判了死刑的沮喪感。不過這些都沒有阻擋她為了讓肌力有計畫性、有效率，並且安全前提下的提升，也尋求專業教練指導持續為自己努力。

懷孕本來就會胖

面對懷孕初期的孕吐、嗅覺敏感和味覺改變，一開始對丸子娃的震撼真的很大，因為她是很喜歡吃東西的人，就算在害喜的期間還是很有吃東西的欲望。因此經常呈現吃一吃覺得噁心就吐，然後又餓了想吃，吃完再吐（或不想吐出來就趕快衝去睡覺）的無限循環。

不過，孕吐結束後 1 個月，丸子娃就胖了 3 公斤，還強烈的

想吃甜食和垃圾食物。直到產檢時被醫生唸，喚醒自己的羞恥心之後，才知道再這樣下去是不行的！所以雖然整個孕期丸子娃仍然在上班而且工作時數長，下班後通常體力耗盡，很少再像孕前花時間煮菜、備菜，但她把全聯和超商當成孕期外食的好朋友，拒絕一般小吃店的高油鹽調味和難以計算營養素，努力地控制健康又均衡的飲食。

「我有時候會在超商裡買好一整天要吃的份量，熱量和營養素都好掌控，而且現在超商連溫沙拉、燙青菜都有了。想吃甜食我會用蒸地瓜，還有自己榨水果牛奶來取代，我最常做的就是酪梨牛奶、香蕉芝麻牛奶、紅龍果牛奶。」

別怕，只是運動啊！

跟懷孕前一週平均 5 天出現在健身房執行高強度的菜單相比，懷孕初期的丸子娃真的覺得自己很懶散、很放縱，也產生很多的罪惡感，「我當時真的一直在睡覺，尤其很想吐又不想吐出來的時候就趕快去睡覺，真的會好很多，在經歷初期不適症狀時，其實內心滿拉扯的！」

而且在台灣，孕期還在做有強度重訓的女性和相關資訊真的不多，所以丸子娃一直到得知許多孕前有在執行高強度運動的女性，也普遍到 20 週左右才開始恢復規律訓練之後，才放下心來。她直到孕吐症狀逐漸消失的 16 週後才逐漸重返訓練，利用沒有疲憊不舒服的空檔逼自己動起來；大約是在 20 週之後，已經可以規律執行約一週 3-4 天，一天 1-2 小時的課表了呢。

丸子娃的整個孕期，肚子都不算大，即便到中期和中後期在健身房裡穿正常上衣把肚子蓋住時，都沒人發現她是孕婦。直到第三孕期，她才開始直接穿運動內衣進健身房，一來孕婦很怕熱，也快沒什麼衣服可以穿；二來大家看到她的肚子時，在行走或拆裝槓片等會特別注意禮讓或閃遠一點。基本上，在健身房她感受到的通常是投以驚嘆或佩服等不可思議的眼光。

　　在健身房的丸子娃，幾乎什麼動作都做，但原則都是孕前就很有把握的項目。僅在後期因為肚子比較大了，會排除任何會卡到肚子的動作（例如深蹲或直腿硬舉），改用其他同方向性動作來取代；腹部也會避免做捲腹動作（因為也會感覺到這是不舒服的）。「不過，核心腹部出力則是完全沒有問題，因為任何自由重量動作都需要腹內壓來保持軀幹的穩定性，同時對寶寶也是一種保護。」她表示。

　　在孕期還維持重訓，收到親友長輩們所釋放的「關心」，或說「雜音」，一定也不少，丸子娃對於她覺得可以溝通的人，會一點一點把想法觀念並且輔一些烏烏醫生這樣指標性人物的醫學角度的文章與之分享；但如果面對短時間無法溝通的人，她則是陽奉陰違繼續做認為對的事情，「其實我們都知道絕大多數的親友出發點都是好的關心的，而我也發自內心感謝。我覺得此時有一個小天地可以抒發情緒之外，擁有真正與妳共同生活並且支持妳持續運動的另一半非常重要！」

　　因為規律的飲食和運動，丸子娃在生產前大約胖了 9.5 公斤，驚險達成她給自己設定的 10 公斤目標。

▶ 孕期間，丸子娃在醫師和教練的專業輔助下，依然維持她熱愛的運動。

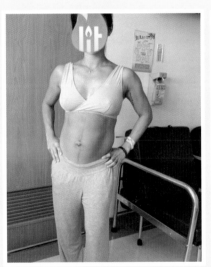

▶ 肌力的養成需要時間，恢復也需要時間，持續運動讓丸子娃產後的腹肌有「記得回家」。

孕期硬舉才不瘋狂

不得不說一些很生猛的事蹟，那就是在懷孕約 2 個月的時候，丸子娃參加了單項硬舉賽事；懷孕初期也是一直在練習，想把後空翻練穩。

在外人眼裡，這些事情真的很瘋狂，但其實這是她自己懷孕前一直都在持續維持的訓練，所以並沒有覺得很勉強，只是剛好發現懷孕了！所以在賽前的每一次練習她其實都在感覺自己的身體，除了跟平常一樣投入訓練，同時也說服自己可能隨時要接受「放棄」這個選項。

但一路到比賽當天，丸子娃的訓練狀態都越來越好，當天她也只是盡可能把比賽當作是平常的其中一次練習。做好自己本來就在做的事情，放寬心接受可能的變化，就是她面對孕期運動的態度，丸子娃說，「不過我真的很幸運，因為在比完賽進入第 3 個月的時候，我的孕吐症狀就逐漸開始了！如果比賽是在不適症狀開始之後，我或許就真的只能放棄了吧！」

重訓和生產，實在太像了

孕前總是聽說有運動的孕婦特別好生，但丸子娃內心總會抱持著一股不敢自得意滿或太有把握的敬畏之情，「就算我很會用力，但下面一直不開指是不是也沒輒？」她表示，自己的心態是，寶寶自己想用什麼樣的方式到來都尊重，自己則盡可能朝著順利自然產的方向而努力著。

她還記得生產當天一早她在醫生安排下催生，印象最深就是醫生親自內診還驚訝的笑著說：「哇！很不錯喔～妳開得算很快，今天以前應該就可以生了！有沒有要打無痛？早打早享受……。」當她聽到「今天以前」，心想是指今天的 23：59 以前嗎！？那時候的陣痛，她已經開始不太能忍受，如果要撐到那麼晚，可能不行……，但她還是堅持了不打無痛的初衷。（天啊，掌聲鼓勵）

　　接下來的時間，她痛到再也無法紀錄，密集陣痛、強烈便意感讓人無法忍耐，她感覺自己在發抖抽蓄，只能盡可能在老公的引導下，用最後一絲意念記得從拉梅茲課程習得面對陣痛來臨時所謂的呼吸和放鬆，也幸好重訓的她對腹式呼吸方式一直都很熟悉。進產房後，在老公陪同下約用力 3 次（但丸子娃特別強調她覺得過了一世紀之久！），當天下午 17：10 順利產下「小掛包」，是 3074 公克的健康寶寶！

　　回想整個生產的過程，丸子娃表示，最無法掌控的地方應該是開指速度吧，但對於肚子如何用力她覺得自己表現很不錯，因為生產跟重訓時的呼吸法，還有腹內壓的核心張力，以及操作大重量時的閉氣等等，實在太像了！

帶著孩子一起強健下去

　　「我自己一生完當天就很勇敢的站上體重計，果然……只少 4.5kg，意料之中。」丸子娃說，雖然還有 5 公斤在身上，但接下來哺餵母乳竟然讓她體重掉很快！她表示，因為自己的肌肉量大、基礎代謝率高，每天都感覺很餓，也都按時把月子餐吃光，幾乎

是吃完一餐不久又期待下一餐的程度，完全沒有做不當的飲食節制，只有控制餐與餐間盡量不再吃其他不該吃的垃圾食物而已，因為不只怕影響奶量，也怕影響肌肉量。

「餵奶真的是產後最佳、最自然的熱量消耗及減脂方式，我不太強調瘦身的原因是，很多人只是一味想瘦並不代表是好事，不餵母奶後反倒復胖率高。」產後將近 1 個月，丸子娃的體重離懷孕前的差距已經不到 1 公斤了；生產後的第二天開始，也感覺到自己被撐開的腹直肌逐漸在回家的途中。

「大家都叫我懷孕時不要動，可是我生產很快很順利時，又說還好妳有運動。」丸子娃說的這句話，的確是普遍的迷思。體能和肌力的養成需要時間，而不是靠孕期最後的衝刺，最理想的狀態當然是女性在懷孕前就能養成運動的習慣，了解並能掌控自己的身體狀態；在孕期也能接受到正確的資訊，調整訓練和運動的內容，而不會因為迷思誤解放棄原有的成果。

對於大家最容易聚焦的腹肌，丸子娃還想補充的是，不要刻意執著單一肌群的鍛鍊，腹肌只是做整體訓練時的附加品。全身性的運動訓練才能真正幫助媽媽們應付日常生活！讓我們帶著孩子一起全面強健吧！

案例 3

生產和跑步，是可以一起破紀錄的

新手媽媽、公務員、市民跑者，正在育嬰留職停薪中的珺珺有很多身分，但目前大部分的生活都在處理女兒的吃喝拉撒睡及家務。

本來，2016 年底的珺珺跑了人生第一場初馬——台北馬拉松，在當時未婚夫愛的加持下破四（4 小時內完賽）後，就因為新婚備孕和懷孕，月跑量默默驟降到 80 公里左右，大部分都是用下班做晚餐的空檔跑個 30-40 分鐘，路跑賽事更是一場也沒參加，那時候的她心想，人生的第二場馬拉松大概要等退休孩子大了才能跑吧！

誰可以想到，這樣的她居然還是利用剩餘的時間認真地準備了一場產後馬拉松，最後還以比產前個人紀錄快了 22 分 30 秒的個人成績 3:32:56（大會成績 3:34:11）完賽！

▶ 產後不到半年，珺珺就在神戶馬破了自己的個人紀錄。

大肚子不要跑？不怕早產掉小孩嗎？！

珺珺說，懷孕滿 3 個月的時候，她認識了產檢醫師烏烏，在小 Bagel 的狀況穩定後，同樣也是跑者的烏烏醫師開始鼓勵珺珺增加跑步的次數，表示懷孕跑步只要不要太喘，注意水分補充和營養狀態即可。

「其實，懷著女兒小 Bagel 的時候繼續維持跑步習慣，不管是路人、家人，出於關心、好奇，常會提出質疑。這時候是我的產檢醫師給我信心，每次產檢都會幫我注意子宮頸長度、羊水量、胎兒大小。」珺珺說，生性羞赧的她總會在產檢時小聲的問：應該還可以跑吧！而醫師總是一副理所當然又信心十足的說：沒問題！可以跑啊！

那時候的珺珺也偷偷發現，她的產檢醫師雖然跑步速度不快，但是規律持續的從 7 分速練到 6 分速，內心突然產生自己是否產後也應該再來跑一場全馬的想法，不過想歸想，懷孕生理上的疲勞、心理上的興奮緊張，還是把這想法放在一邊，孕期的跑量也持續低迷，每個月大概只有 20-30 公里。

直到預產期前的 1 個多月，當所有媽媽可能都在和產檢醫師討論自然生還是剖腹產？要不要打無痛？先生要不要陪產時？珺珺和醫師討論的竟然是要不要一起去神戶挑戰人生第二馬（產後第一馬，也是海外第一馬）。不知道是孕婦腦波弱，還是產檢的時候太傻、太天真，她說報名費就這樣繳下去，還拖了老公一起下海。那時候她的盤算是讓自己有個目標跑步，避免產後身材大走山，並且趁育嬰留停結束前去日本看看楓葉散散心，至於馬拉

松？就歡樂完賽吧！

　　結果她上了賊船才發現，目的地和想像中的不同，產檢醫師變成線上訓練夥伴，每天看著醫師刷跑量，心理想不能輸！良性競爭下，珺珺頂著肚子也重拾了規律的練跑生活，因為懷孕心率較高，也容易脫水，在安全考量下她會在操場繞圈跑，或在老公陪伴下跑河濱，配速也比之前慢了 10-30 秒，甚至有時候 10 公里也得分兩次跑完。 但無論如何，產科醫師的醫療專業，真的讓她放心又快樂的持續跑下去。

跑馬拉松比生小孩苦？

　　懷孕的日子來到尾聲，預產期前幾天的某個晚上，珺珺突然開始陣痛，從原本三分痛到五分痛到七、八分痛，密集度也從 10 幾分鐘一次到清晨已經變成 3、5 分鐘規律的發生。她笑說，陣痛的感覺有點像是組間休息越來越短、秒數越來越快的間歇跑，只是不知道到底要跑幾組！

　　直到撐到醫院，打上無痛，她才從地獄回到天堂，從無止境的間歇跑道回到觀眾席，趁著這段時間休息補給，小睡片刻。傍晚感覺腳痠痠的，護理師來內診竟然已經 5 指全開，破水、胎頭下來、可以進產台了！心想終於要站上起跑線的珺珺，內心跟要跑馬拉松賽時一樣有點緊張，結果沒想到居然用力一次，寶寶頭就出來了，小 Bagel 身體出來一半就哭了！

　　「生產真的跟我想像不同，快到不可思議，有點像是本來要跑一個全馬變成衝百米的概念！事後老公還說，我用力的時候笑

得很燦爛，和初馬跑進終點疵牙咧嘴的樣子完全不同！超好生的啊！」她說，而且產後在月子中心待了 2 週，傷口恢復良好的狀況下，她又開始恢復熱愛的跑步了，只是這次從背一個大球（寶寶）跑變成背兩個水袋（脹奶的胸部）跑。

練步和帶小孩，都別過度勉強自己

「我的餵奶原則和跑步訓練很像，不過度勉強自己，雖然看似沒有章法，但其實還是有脈絡可循。」珺珺說，產後的她哺乳不追奶、不計量，寶寶餓了就餵，想睡就睡；練跑則是不管配速，沒有課表，想跑就跑、想休就休，如果遇到小 Bagel「歡起來」而影響睡眠，也不會硬追跑量，讓身體有足夠的休息最重要！

雖然跑步訓練沒有固定課表，她還是盡量讓自己跑跑不同的距離和速度，給身體不同的刺激，比如 10 公里的漸速跑、15 公里的馬拉松配速跑，偶而興致盎然地跑個自主半馬，或是一打一不得已時的跑步機輕鬆跑（寶寶在旁邊陪跑）。為了核心和上下肢肌力，她也嘗試去上了幾堂重訓課，雖然不確定是否對於跑步有效果，但是她明顯感受到抱小孩腰比較不容易痠，做飯、餵奶手也比較不吃力，算是意外的收穫。

跑著跑著，珺珺的月跑量竟然一再突破新高，而小 Bagel 的體重落在正常範圍內，尿量、活動量也正常，健健康康。在此期間，她的擠奶的計畫也沒有停歇，雖然累，但是在規律訓練與擠奶時間搭配之下得心應手，身體也沒有任何的不適。

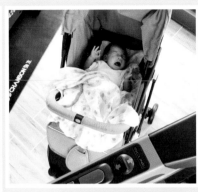

▶ 孕期持續練跑的珺珺（左上），產後則是帶著孩子一起在跑步機旁「陪跑」（右上）；健康的飲食觀念，除了讓她恢復身材（左下、右下），也是帶給孩子最好的禮物。

除了運動，珺珺也延續健康飲食概念，由於哺乳和練跑都是亟需熱量的活動，所以飲食大原則就是蛋白質要夠，蔬果要多，不刻意不吃澱粉，盡量以健康有營養的原型食物滿足需要的熱量。

就這樣，她無傷無痛且順利地在準備迎接神戶馬前的長榮半馬模擬考中，就先突破自己的紀錄 6 分鐘！「真的很感謝老公在我衝動時提醒我保護自己，烏烏醫師幫我把關我的飲食，當媽媽之後可以保有自己喜歡的運動，又獲得成就感，真的是很開心的事。」

從女人到母親，不變的是持續跑下去的自己

珺珺表示，比賽當天說沒有內心戲是假的，但是內心戲演出的不是許許多多的痛苦堆疊，而是完整享受比賽的過程。全程維持幾乎平整的 5 分速，應付神戶馬拉松險峻的上下坡竟然綽綽有餘，她深刻體會到比賽前的努力比在比賽間應付一大堆突發狀況來得重要。從產前跑量調整與堆疊，產後課表增減和飲食的堅持，小心翼翼的不要讓自己的身體出狀況，一直到比賽當天可以完整地再一次感受全馬帶來的感動。

是的，她做到了！生產完不到半年時間，不僅跑完一場全馬，還大破個人最佳紀錄 22 分 30 秒！

「相信醫師和自己很重要。」珺珺說，因為產檢醫師每次協助確認身體狀況良好，再三說明懷孕還是可以跑步，鼓勵她繼續跑，甚至「推坑」報這場神戶馬，才讓她有了難忘的回憶；家人

支持繼續跑步，在她跑出去好好練時，協助照顧孩子也是她最大的動力；最後當然感謝老公的「衝動」，和她一起報名馬拉松，甚至要她不要因為小孩而放棄自己的興趣，全力支持（督促）她繼續跑步。

從一個女人變成妻子媽媽，對珺珺而言，「跑者」這個身分是一個最能帶給她自我安全感的角色。也因為跑步，她認識了人生伴侶和產檢醫師，也更認識自己。 她，絕對會一直跑下去！

年度最佳顯瘦單品
林思宏醫師的減肥（不）成功記

2019 年 1 月 1 日，禾馨金 ×5、年度最佳顯瘦單品林思宏醫師在粉絲專頁宣布，即日起要展開瘦身計畫，還創了「跟（逼）著林思宏醫師一起認真減肥」粉絲團，號召大家一起瘦一波！

如今一年過去了，社團裡真的有很多媽媽成功瘦回孕前體重，那麼思宏本人呢？

思宏身高 185 公分，宣布減肥時的體重是 123 公斤，目標 90 公斤，現在真實體重則是 113 公斤。嚴格說起來，也是有瘦啦，只是瘦得比較低調。

為了廣大的媽媽粉絲，思宏豁出去了！首度公開他的減肥血淚辛酸史，希望可以鼓勵並療癒正在努力瘦身的妳。

▶ 烏烏目睹思宏的身材變化，總說他就像產婦一樣，諄諄
告誡：「健康瘦是為了照顧別人，也是為了更好的自己！」

其實，我也瘦過……

人生在世，最痛苦的不是胖，而是「曾經」瘦過，現在卻回不去。其實思宏也是如此。

思宏並不是一路胖到大的，大學畢業時只有 80 公斤，身為籃球隊一員，搭上身高，完全就是標準歐巴身材！直到當兵時分配當醫官，不必像其他弟兄操得死去活來，軍中有些長官又愛喝酒，一個禮拜中至少 3 天跟著長官狂吃狂喝，當兵 1 年下來整整胖了 10 公斤！

退伍後思宏進台大醫院當住院醫師，期間為了要結婚，曾經認真減肥到 90 公斤以下，終於可以穿西裝留下人生帥帥的婚紗照。但人都是有惰性的，結了婚、工作又忙，減肥就不是人生第一要務，於是在結束 6 年住院醫師生涯後，思宏體重正式邁入三位數：100 公斤。

來到禾馨的 6、7 年間，思宏擄獲大批媽媽們的心，在網路上也累積超高人氣，體重卻也跟著一飛沖天，來到人生中的巔峰 123 公斤。

回顧思宏這一路的身形變化，可以發現，思宏曾經瘦過，又因為飲食與工作狀態胖了，甚至歷經兩次減肥，也有過復胖經驗，是不是如同產前非自願性變胖、產後面臨身心與生活變化影響而難以瘦回去的媽媽們一樣，是非常真實的血淚案例。

瘦身尚未成功產後媽媽們，別擔心，一起從飲食、作息、運動及心態各方面，深入了解思宏減肥（不）成功的關鍵吧。失敗一次又怎麼樣？飲食控制與運動可是一生的功課呢！

▶ 學生時期的思宏，是不是貌似鍾漢良？（上圖）90 公斤的他，就是長這個樣子的（下圖）。

吃好吃滿的人生哲學，是變胖的原凶

「我最大的問題就是吃太多！」思宏非常清楚自己的癥結，在他的字典裡沒有「節制」兩字，務必吃好吃滿，不飽到天靈蓋，筷子是不會放下來的。別人早餐吃一個蛋餅，他要吃兩個，就算點漢堡也要再追加蛋餅；價目表上有大小碗之分，二話不說點大碗；只有一碗炸醬麵太空虛，一定要加點小菜和炸排骨，好像營養比較均衡。

這個習慣是從大學時期養成的，加入籃球隊後，一群大男生永遠處於很餓的狀態，那時聚餐最常吃熱炒，又油又鹹配 3、4 碗白飯不是問題，當然還有啤酒。

當時運動量大，怎麼吃都沒問題，可是胃就這麼一暝大一寸。大家都知道醫護人員非常忙碌，思宏當上住院醫師後也難逃三餐不固定的命運，尤其他為人隨和，只要有訂雞排、飲料都來者不拒，當然也不會指定要無糖，通常都是「你們喝什麼我就喝什麼」，完全是參與團購的最佳典範。

醫護人員一忙起來，高熱量飲料當水咕嚕咕嚕喝，好不容易下班了，思宏最喜歡用「吃」來犒賞自己，一夥人揪去吃熱炒、涮涮鍋、燒烤，一樣配啤酒。

別人吃熱炒會光顧著聊天忘了吃飯，思宏很能一心二用，邊聊筷子絕對不會停下來，一邊留意菜如果上完了，立刻再追加，幾乎菜單都要點過一輪，吃到肚皮撐破才會罷休。

「『吃』對我來說是很重要的休閒，忙了一整天好好吃頓飯

很重要。」

到了禾馨忙碌加倍，更需要用吃紓壓。除了三餐和訂手搖之外，還有各位孕婦、產婦們的熱情餵食，加上現在餐點外送太方便，根本不必怕餓著，持續攀升的體重，堪稱是最慘的職業傷害。

下班到家再吃一份太太準備的愛心宵夜，通常不是簡單的蔬菜湯或泡麵，而是咖哩飯、三杯雞這類豐盛料理。

其實思宏也不是沒有想過，將太太的愛心宵夜打包成隔天的便當，但從來沒有實行過，理由是：「沒有便當盒啊！」（什麼啦）就這樣，宵夜永遠就只是宵夜，從來不曾在隔天的午餐時段出現。

最後，因為宵夜剛吃飽不好睡，總該休息一下吧！躺在沙發上看電視的他，才剛吃完一盒水果，手忍不住爬向洋芋片，又忍不住要開啤酒來配，結束這忙碌的一天。

簡單來說，思宏的一天可能就吃下 5-6 餐的份量，飲食內容也沒有好好篩選，一不小心就會吃下過多熱量。

胖子的生活型態，和孕婦很像

相信大家一定很好奇，思宏結婚前是怎麼成功瘦下來的呢？

當時比起大學時，體重還沒暴增太多，所以還可以打球、到健身房運動，搭配飲食控制，很順利的就瘦了 5-8 公斤。

但隨著體重增加，變得很容易喘，原本愛打球的思宏也不太喜歡運動了，尤其工作太忙也沒球友，充其量就是到健身房使用跑步機快走。健身房是個非常適合減肥的地方，但思宏建議各位，「一定要請教練在旁邊盯著！不然很難督促自己做完該做的訓

練。」

　　除了運動之外，思宏的日常活動量也偏少。早上從家裡停車場直接一路開到禾馨，再搭電梯上樓，巡房可能是整天下來最大的活動量。畢竟，總不能一邊深蹲一邊幫孕婦們照超音波吧！

　　這樣的生活型態，不像多數人可能要走路搭公車、捷運、騎腳踏車，或者爬樓梯等等，無形中少掉很多消耗熱量的機會，體重也就跟著失控了。

　　看到這裡，有沒有發現很多人懷孕之後也是這樣，因為體重增加就不想動、認為孕婦該多休息就連樓梯都懶得爬？一旦習慣了這樣的生活型態，就算孩子出生，也很不容易瘦下來喔！

循序漸進，好受也好瘦

　　許多人變胖之後，不但身體會出現一些小毛病，甚至連帶失去自信，甚至逃避照鏡子等等，這些狀況在思宏身上⋯⋯完全沒有發生！

　　思宏健康狀況正常，沒有三高，就算從別人口中的「帥哥」變成「大隻佬」，他依舊樂於照鏡子，加上自認靠口才不靠身材，而且他的肉很懂事，都可以靠衣服藏起來，高顏值絲毫不受影響，實在找不太到瘦下來的理由。

　　「我怕我瘦下來大家會不習慣。」暖男思宏，真是永遠都把大家的感受放在第一位。（？）

　　況且都當到院長了，太瘦好像也不夠氣派，而且他的身材對

孕婦們來說，多有安全感啊！既然大家也很喜歡胖胖的他，那為什麼今年還要痛定思痛減肥呢？

就算自信爆棚，變胖還是為思宏的生活帶來一些小小的不便。例如，買不到穿得下的衣服，或者 T-shirt 穿起來不太好看。之前與太太到關島旅遊想嘗試高空跳傘，卻也因為體重過重而失之交臂，只能看著別人玩，當下心中還是有點遺憾。

原本思宏是視體重計如浮雲的，褲頭有點緊？那就買新的啊！T-shirt 很繃？那就改穿 polo 衫啊！思宏一直樂觀覺得體重應該只有 100 公斤，想不到卻量出了人生巔峰 123 公斤，被數字深深震撼的思宏終於決定認真減肥！

決定開始減肥後，思宏也改變了一些生活習慣，包括減少澱粉，宵夜也請太太改準備生菜沙拉。以往思宏家冰箱一打開總是有滿滿的啤酒和巧克力鮮奶，現在則改喝烈酒，熱量攝取降低許多。

看到這裡，你可能會覺得奇怪，那為什麼到目前為止，還是瘦得這麼含蓄呢？

答案就是「旅行計畫」。

2019 年 3 月，思宏去印度旅行 10 天，別人去印度是骨瘦如柴回台，他卻還胖了幾公斤。「本來我也很期待去印度拉肚子，但在那裡每天吃咖哩配很多飯，晚上又聚在一起喝啤酒……」不瘦反胖的印度之旅，讓思宏心都碎了。

接下來 4 月又一場日本的家族旅行，每天吃好住好，打亂了

原本的減肥計畫，讓體重原地打轉，也讓本來每天戰戰兢兢量體重的思宏乾脆 let it go，不再認真忌口。

至於現在當紅的特殊減肥法，思宏倒是從沒考慮過。生酮飲食不適用熱愛澱粉的思宏，而且每天超過 13 小時的工作時間，睏的時候只能靠吃東西提神，16 ／ 8 斷食法對忙碌的他來說，實在太折磨。

每個減肥的人，心中都有一個理想目標，思宏也不例外。大家可能不知道，大學時期的思宏皮膚黝黑、身材高瘦，最常被説很像黑人陳建州和鍾漢良。即使胖了，思宏仍保留著大學時期的牛仔褲，希望有朝一日能再穿得下，重返榮耀。

不過這幾個月下來，思宏發現沒特別忌口之後，也沒有復胖得太嚴重，便瀟灑捨棄「一年瘦 30 公斤」的目標，決定改以「一年瘦 5-6 公斤」的進度，慢慢瘦回去。

有了這個經驗，思宏也想建議想減肥的各位，不要一下子將目標訂太遠。如果妳現在是 L 尺寸，就別急著想塞進 XS 的洋裝裡，否則短時間內達不到效果，只會讓人更快放棄；倒不如先鼓勵自己瘦回 M 尺寸，循序漸進慢慢瘦，避免造成過大心理壓力，減肥也能開開心心。

過來人的忠告

看診過無數媽咪、自己也有變胖、減肥經驗的思宏想告訴大家，懷孕時變胖是再正常不過的，重點是產後有沒有辦法瘦回去。

減肥是條艱辛的路，思宏也建議各位，還沒變胖時就要養成量體重的習慣，才不會久久一次站上體重機，心就碎滿地；盡早發現體重有增加太快的現象，就趕緊懸崖勒馬，總比之後再痛苦減肥、後悔當初吃太多來得好。

雖然思宏總是開玩笑：「最簡單的減肥方式，就是拿膠帶貼住自己的嘴。」但他也知道吃東西真是一件很紓壓、很享受的事，歷經過減肥（不）成功的他也明白，減肥最需要的是同伴，不管是要找教練、或是揪朋友、找隊友一起，身邊有人互相督促陪伴，才更有機會成功減肥。

雖然現在粉絲頁社團「跟（逼）著林思宏醫師一起認真減肥」已經呈現長草狀態，但思宏仍然按照自己的步調一點一點改變生活及飲食習慣，也提供自己的血淚史供大家參考，希望所有不滿意自己現狀的媽媽們，都能瘦得開心又健康！

HERMES
愛美仕

口腔崩散第一品牌

半夜舒緩・好眠首選

【孕期新選擇】

鎂溶易
德國原裝進口
20入建議售價: $649

鈣溶易
德國原裝進口
16入 建議售價: $599

400mg鎂離子 益生菌

半夜舒緩	優	vs	X
幫助睡眠	優	vs	X
順暢排便	平	vs	平

德國銷售第一鎂補充品

德國金三角配方

有效鈣600毫克　輕鬆補充每日所需
搬運工維生素D3　將鈣運到骨頭裡保存
水泥工維生素K1　持續將鈣鎖在骨頭裡

好吃無藥味、快速好吸收

補鎂好舒緩　　嗯嗯超順暢　　強化鈣吸收　　方便免配水

禾馨婦幼診所、丁丁連鎖藥局、森林跑站、馬拉松世界、全台健保藥局通路

WJS MARATHON 2020 2020萬金石馬拉松指定　　田協指定　　科隆認證　　SGS認證

邦譽藥品有限公司　0800-61-61-61　www.61shop.com.tw　**f** 61SHOP保健容易館